U0160515

空间大型桁架结构的
人机协作装配及应用

陈 萌 郭为忠 王峻峰 赵常捷 徐 焘 著

科 学 出 版 社

北 京

内 容 简 介

本书在作者多年工程实践与经验积累的基础上,系统阐述空间大型桁架结构的基本设计方法、人机协作的桁架组装技术及相关研究成果,展望大型桁架结构在空间站任务扩展、大型空间设施组装与建造中的应用前景。全书共6章,第1章概述空间大型桁架结构的组装技术发展现状与应用需求,第2章主要介绍空间可扩展桁架结构平台系统及其构建方法,第3章阐述高刚度标准模块单元的结构设计方法,第4章介绍人机协作的桁架组装任务规划,第5章讨论双臂机器人装配操作与协调控制问题,第6章介绍桁架结构组装的测试验证与性能评估。

本书面向航天领域的科技工作者,同时适合于航天技术相关领域的高等院校教师、研究生、高年级本科生和其他科研人员。

图书在版编目(CIP)数据

空间大型桁架结构的人机协作装配及应用/陈萌等
著. —北京:科学出版社,2022.8
ISBN 978-7-03-072628-5

Ⅰ.①空… Ⅱ.①陈… Ⅲ.①桁架-空间结构-装配
(机械) Ⅳ.①TU323.4

中国版本图书馆 CIP 数据核字(2022)第 115737 号

责任编辑:徐杨峰/责任校对:谭宏宇
责任印制:黄晓鸣/封面设计:殷 靓

科 学 出 版 社 出版
北京东黄城根北街 16 号
邮政编码:100717
http://www.sciencep.com

南京展望文化发展有限公司排版
广东虎彩云印刷有限公司印刷
科学出版社发行 各地新华书店经销

*

2022 年 8 月第 一 版 开本:B5(720×1000)
2022 年 8 月第一次印刷 印张:16 1/2
字数:287 000

定价:140.00 元
(如有印装质量问题,我社负责调换)

前　言

自 20 世纪 60 年代以来,美国国家航空航天局一直在探索大型结构件在空间任务中的可行性,其中大型支撑桁架广泛应用于国际空间站、大型光学及射频仪器系统、地球环境研究反射镜等空间设施的建设。国际空间站采用了桁架挂舱式结构,其规模庞大、功能复杂、易于扩展。此外,大型支撑桁架还可应用于构建千米级的太阳能电池阵列、空间天线阵、大孔径红外望远镜等具有重要战略价值的空间结构。

美国国家航空航天局通过地面试验与太空试验,先后论证了上述结构的在轨构建方法。其中,可直立桁架结构具有功能性强、紧凑性好、结构简单及组装效率高等优点,是较为适宜的进行在轨扩展的大型空间结构。2025 年前后,我国将建成并运营近地轨道空间站系统,开始具备在近地空间长时间开展有人参与的科学技术试验及综合开发利用太空资源的能力,直立桁架结构能够实现航天器间的组装拓展与挂载连接,在我国空间站的任务拓展、未来空间大型设施组装建造中具有大规模应用前景,研究空间直立桁架在轨装配凸显出重要性。

空间大型桁架结构的人机协作装配是在轨组装技术的重要组成部分,其应用主要体现在三个方面:一是通过一维拓展形成直立桁架结构,两侧可挂载大型太阳电池阵,以实现能源扩展;二是通过二维拓展形成矩形体桁架结构,其上可安装科学试验载荷,作为舱外暴露平台实现应用支持扩展;三是通过三维拓展形成过渡连接桁架结构,完成不同构型的特殊舱段的立体连接,以实现舱段扩展。

空间大型桁架结构的组装模式包括航天员独立完成桁架结构装配、机器人或机械臂独立完成桁架结构装配、人机协作完成桁架结构装配三种。其中,人机协作的桁架装配最能体现航天员和机器人的优势互补,是载人航天领域中实现空间大型设施在轨构建的有效途径。本书提出的桁架结构邻接矩阵数学描述、标准化单元构型表达、接头系统综合设计与快速装配方法、装配任务建模与人机任务分配、双臂协作的柔顺装配方法等,为空间大型结构的在轨组装提供了通用的理论方法与解决方案,可用于空间站的能源扩展、舱段扩展和应用支持扩展,也可用于在轨服务领域的空间大型基础设施在轨组装与建造。本书的发行将有助于科研工作人员了解和掌握大型桁架结构在轨组装的若干关键问题,对于研究其他空间大型结构的组装扩展具有重要的参考价值。

　　本书是作者及所在科研团队多年辛苦工作的成果,是整个科研团队集体智慧的结晶。全书由陈萌拟定大纲并统稿,各章具体写作分工如下:第1章由陈萌编写;第2章由郭为忠编写;第3章由赵常捷编写;第4章由王峻峰编写;第5章由王峻峰和陈萌编写;第6章由赵常捷和徐焘编写。在本书编写过程中,得到了李玉良、王旭、朱欣悦、王艺宸、张文奇、闫雪娇、尹杰、王长焕、高鹏、曾令斌、赵继群、奚德龙、熊奇伟等专家的指导和帮助,在此谨表示诚挚的感谢。

　　空间大型桁架结构的人机协作装配与应用涉及多个领域的相关知识,限于作者的知识水平和实践经验,书中难免有不足和疏漏之处,欢迎广大读者批评指正。

陈　萌

2021 年 11 月

目　录

第1章　绪　　论

1

第2章　可扩展桁架结构平台系统

19

第3章 高刚度标准模块单元结构设计

第6章　桁架结构组装性能验证与评估

参 考 文 献

第1章

绪　　论

1.1　国内外研究现状

随着人类对太空的深入探索,空间技术得到了巨大提升,空间结构逐渐朝着大型化和小型化两个不同的方向发展。1960 年以来,美国国家航空航天局(National Aeronautics and Space Administration, NASA)一直在探索大型结构件在空间任务中的可行性[1],其中大型支撑桁架广泛应用于国际空间站、大型光学及射频仪器系统[2]、地球环境研究反射镜[3]等空间设施的建设。此外,大型支撑桁架还应用于构建千米级的太阳能电池阵列、空间天线阵、大孔径红外望远镜等具有重要战略价值的空间大型结构[4](图 1.1)。国际空间站是目前为止最复杂的国际合作在轨装配项目[5],也是应用较为成功和成熟的大型空间结构[6],其总体结构采用桁架挂舱式,空间桁架的使用使得空间站的规模庞大、功能复杂。

受现有运载工具所能提供的运载能力、整流罩结构复杂度及发射成本等的限制[7],很多情况下仍然无法将大型空间结构一次发射至太空,空间在轨装配一直被视为当前构建大型空间平台的有效方法。大型空间结构具有三种不同的在轨构建方式[4]:可展开结构构建、太空成型结构构建、可直立结构构建,如图 1.2 所示。

NASA 通过地面试验与太空试验,先后论证了上述空间在轨构建方法。其中,可直立结构构建具有功能性高、紧凑性好、结构简单及包装效率高等优点,是进行大型空间结构在轨装配较为适宜的可行办法[8]。2025 年前后,我国将建成并运营近地轨道空间站系统,开始具备近地空间长时间开展有人参与的科学技术试验和综合开发利用太空资源的能力,逐步建成可靠稳定的空间科学与应用航天器体系[9]。直立桁架结构能够实现航天器间的组装拓展与挂载连接,在我

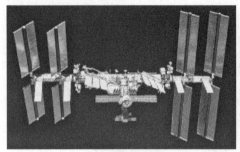 

(a) 国际空间站   (b) 太阳能电池阵列

(c) 空间天线阵

图 1.1   大型空间结构

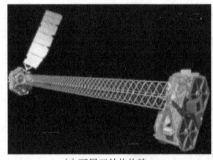 

(a) 可展开结构构建   (b) 太空成型结构构建

(c) 可直立结构构建

图 1.2   空间在轨构建方式

国空间站的任务拓展、未来空间大型设施组装建造中将实现大规模应用,研究空间直立桁架在轨装配凸显出重要性。

　　根据装配方式的不同,空间直立桁架可分为航天员手动装配、机器人自主装配、航天员与机器人协同装配。国际空间站上进行的在轨装配项目突出了对舱外活动的高度依赖[10],要求训练有素的航天员穿上航天服后通过气闸离开加压舱,意味着需要大量的准备工作,耗费大量的时间。此外,太空的极端环境对于航天员来说也极其危险[11]。由于航天员手动装配具有较高的灵活性与自主性,最早应用于空间直立桁架的装配过程,但是当装配环境风险高、装配对象结构庞大且需要较多装配步骤时便不再适合。机器人自主装配凭借可长时间工作、可完成重复性动作、感知信息精确等优势,可有效降低航天员出舱活动风险、减少人工装配工作量,逐渐成为桁架在轨装配技术的主要发展方向[12],但目前空间机器人在处理突发性事件方面仍存在延迟性较高、局限性较大等问题,无法在空间环境中自主完成复杂桁架结构的装配工作。在当前空间机器人自主能力较弱的情况下,在轨装配任务的人机协同研究得到越来越多的重视。在载人航天领域,航天员的存在使得空间机器人的应用较无人场合更有优势,人在回路的机器人控制能够降低对机器人自主程度的要求,人机交互、人机协同甚至进一步的人机耦合已成为空间机器人系统的重要发展方向[13]。本书采用人机协同的方式,结合航天员与机器人各自优势进行大型桁架结构的装配作业研究,对提升空间环境下大型桁架结构的在轨组装技术成熟度具有重要价值和意义。

1.1.1　空间桁架装配技术研究现状

　　由于空间桁架在空间结构中具有广阔应用前景,NASA 针对其在轨装配技术开展了长期深入的研究。根据采用的装配工具不同,大型空间桁架结构在轨装配技术的发展可以分为三个阶段:具有装配辅助的航天员手动装配阶段、空间机器人装配阶段、航天员与机器人协作装配阶段。

　　1. 具有装配辅助的航天员手动装配阶段

　　20 世纪 70 年代~90 年代早期,NASA 兰利研究中心进行了一系列大型空间结构的航天员手动装配试验[1],在地面 $1g$、地面模拟微重力、空间微重力等三种环境下进行。其中,地面 $1g$ 试验是在一个筒状环境中进行的,地面模拟微重力试验是在马歇尔太空飞行中心的中性浮力水池中进行的,空间微重力试验则是由航天员在太空中实现的真实装配试验。

　　1985 年,NASA 在执行飞行任务代号为 STS－61B 的"亚特兰蒂斯号"航天飞机上进行了直立空间结构组装的装配概念(assembly concept for construction of erectable space structure, ACCESS)试验[14],如图 1.3 所示。

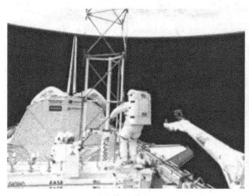

(a) 基础装配　　　　　　　　　　　　　　　(b) 扩展装配

图 1.3　ACCESS 试验

ACCESS 试验研究内容:两个航天员在太空中装配 45 in(1 in=0.025 4 m)的直立桁架结构,由基础试验与扩展试验两个部分组成。单个桁架单元包括两个四面体结构,由立杆、横杆与斜杆组成,杆件通过六通球实现连接。基础试验中,位于高处的航天员负责桁架上侧节点安装,另一个航天员则安装下侧节点与所有的连接杆件。一层桁架单元安装完成后,松开桁架固定栓,将单元沿导轨向上推出,进入下一个单元的装配任务。依次重复,直至完成 10 个桁架单元组成的直立桁架结构的装配工作。扩展试验中,使用航天飞机的遥控机械臂与机械臂末端的脚部限位器作为移动工具,航天员针对特定装配任务场景,在太空完成最顶端桁架装配、桁架外部线缆安装、杆件与节点维修与替换等任务。通过开展 ACCESS 试验,对航天员在轨装配的有效程度进行了测试,验证了大型空间结构在轨装配的可行性。

2. 空间机器人装配阶段

20 世纪 90 年代初,NASA 兰利研究中心的研究人员意识到空间自主装配技术的发展潜力,Will 等[15]开始着手开发一套遥控机器人空间桁架结构装配系统。2002 年,Doggett[16]成功地完成了通过机械臂自主装配一个由 102 根杆件和 12 块面板组成的直径为 8 m 的空间桁架结构的试验,如图 1.4 所示。装配过程中,机械臂末端的特定执行器通过识别节点上的标识,抓取杆件并估计杆件安装位置,机械臂按照离线规划的装配序列和运动轨迹交替装配杆件和面板,完成整个结构装配所需的时间约 20 h。

图 1.4　空间桁架结构机械臂装配试验

　　空间遥控机器人也得到了广泛的研究,美国航天飞机上的遥控机械臂系统、国际空间站上的加拿大机械臂和日本的实验舱机械臂是 3 个典型案例。为了提高作业能力、降低航天员的工作负荷,研究人员开始致力于开发完全自主的空间机器人系统。卡内基梅隆大学设计的 Skyworker[17] 是一个空间结构附属移动机械臂,可以在几公里范围里轻松自如地运输和操纵从公斤级到吨级的有效载荷。NASA 约翰逊航天中心先后开发了人形空间机器人 Robonaut[18] 和 Robonaut 2[19],以模仿空间行走中的航天员的体积、运动范围、力量和持久力,可直接使用针对航天员设计的装配工具来开展空间作业。以 Robonaut 2 的设计经验为基础,NASA 约翰逊航天中心开发了人形机器人 Valkyrie,通过和美国人类与机器认知研究所的合作,对其进行升级以更好地完成深空探测任务。俄罗斯仿真技术公司研制了 SAR－401 机器人,能够精确模拟操作者动作并实时返送传感器数据,按计划开展太空作业,如图 1.5 所示。

　　3. 航天员与机器人协作装配阶段

　　2003 年,Schultz 等[20]设计了多种人机交互界面,建立了机器人航天员认知

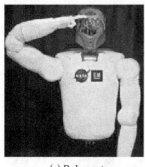
(a) Robonaut

(b) Valkyrie

(c) SAR-401

图 1.5　人形空间机器人

模型,提出了人形空间机器人 Robonaut 与人在轨协同作业的设想。同年,NASA
约翰逊航天中心的 Rehnmark 等[21]将航天员、Robonaut、遥操作人员和地面控制
人员组成团队进行协作装配试验。通过尝试不同的团队配置,发现当机器人角
色的重要性增加时,遥操作人员完成任务的时间单调递增,强调团队成员之间保
持良好的信息交流在装配环境中的必要性。特别是当环境限制其他类型的感官
反馈时,学习和发布临时命令的能力是一项关键的合作技能。

　　2004 年,NASA 约翰逊航天中心在地面组建两个 Robonaut 与航天员组成的
多成员团队,执行以 STS-61B 飞行试验为基础的桁架单元人机协作装配任
务[10],如图 1.6 所示。该试验旨在制定出航天员进行舱外活动(extra-vehicular
activity, EVA)时与机器人之间的协同作业方案:① 杆件与节点由 Robonaut 抓
取并传递给人,由人完成节点与杆件的装配;② 当人完成一侧杆件安装后,人机

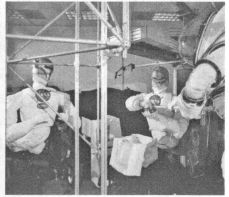

图 1.6　地面人机协作装配桁架测试

协同转动支撑导轨,进行另一侧杆件的安装;③ 当完成一层桁架单元安装后,单元向上方推出,进入下一单元的安装工作。该试验评估了以人为中心的人机团队协同策略,验证了人形空间机器人的作业能力,为研究人和机器人在太空中有效地协同开展舱外活动奠定了基础。

4. 国内研究现状

2016 年,天宫二号机械臂系统随空间实验室发射入轨并对其开展了在轨试验[22],其间,机械臂系统成功在空间微重力环境下完成了多种演示验证任务,为我国空间机器人的初步应用奠定了基础。目前,国内在轨装配领域仍处于起步阶段,以关键技术跟踪性研究居多[23]。王明明等[24]详细梳理了在轨装配的技术需求与应用前景,指出在轨装配的关键技术为模块化技术、机器人技术和地面模拟装配技术。针对大型空间桁架结构装配任务规划与仿真、机械臂装配操作,郭继峰等[25, 26]根据大型空间桁架结构的固有分层特性,提出了一种基于连接矩阵的分层规划方法及两级递阶智能规划算法,有效解决了装配序列的生成问题。邓雅等[27]提出了一种无视觉在轨柔顺装配方法,以解决在轨操作中关键的自主寻孔问题,通过地面试验验证了该柔顺控制方法的有效性。丁继锋等[28]分析了空间环境对材料、制件特性的影响,以及空间超大型结构在轨建造全过程的相关力学问题,给出了一个多级空间桁架结构在轨建造的优化设计模型。张玉良等[29]通过构建航天器数字孪生体,抽象表达了航天器完成在轨装配的过程、状态和行为,为空间在轨装配过程的模拟、监控、诊断和预测提出了相对整体的解决方案。李团结等[30]将单元拼接式天线进行模块化设计,制定了在轨装配方案并在地面进行了测试验证。郝向阳[31]提出了一种针对冗余机械臂的直接示教方法,以增强机器人在空间环境下的人机协作能力。

在桁架装配技术研究中,陈萌等[32, 33]提出了基于径向和轴向快速装配的标准单元创新构型设计,实现了桁架结构组装过程的状态矩阵与邻接矩阵数学表达,设计了用于地面验证的推送机构并完成了人机协同组装演示验证,为空间站异构多面体桁架结构的在轨智能装配提供了技术支撑。胡佳兴等[34]和赵常捷等[35]针对可拓展太空桁架的在轨智能装配问题,建立了桁架装配体编码规则和数据结构,设计出一套用于存储和提取桁架装配信息的靶标系统,实现了桁架基本单元编码与靶标 ID 之间的映射;针对接头系统设计过程的构型拓扑,给出了接头系统的构型符号化表达方法,建立了构型内的构态运算规则及构型之间的生长运算规则。该方法可以快速完成接头系统从需求到方案的设计,并通过 5 m 直立桁架仿真算例验证了其可行性和有效性。Zhu 等[36]针对大型桁架结构在轨人机协同装配问题,提出了基于层次任务分析的装配任务模型,分析了航天员和机器人的操作能力和功能约束关系,采用比较分配原则对人机协同装配任务进行了分配,在 DELMIA 仿真系统中进行了桁架结构的装配任务仿真并验证了人机协同装配的有效性。王旭等[37]研究了基于力传感器的机器人双臂柔顺杆件与球节点的装配过程,建立了 4 种装配偏差状态下的力学模型,提出了采用力传感器的反馈信息对杆件安装状态进行判别的方法及相对应的机械臂末端位姿调整策略,通过搭建机器人双臂柔顺装配平台验证了装配策略的有效性。

1.1.2 人机协同技术研究现状

著名科学家钱学森[38]曾指出:"我们要研究的是人类与机器相结合的智能系统,不能把人类排除在外,是一个人机智能系统。"1991 年,美国学者 Lenat 等[39]提出了人机合作预测相关理论,认为人机之间应是一种相互平等而又紧密结合的同事关系,以充分发挥各自的特长、优势,组成一个可以超越人类智能的智能系统。由于人机关系具有多面性和复杂性,Kaiser 等[40]根据多个观点对其进行了分类。Schmidtler 等[41]从工作时间、工作空间、目标和接触方式等方面分析了人机工作单元。Wang 等[42, 43]将工作空间、直接接触、工作任务、同步过程和顺序过程定义为人机之间的共享内容,进一步将人机关系分为人机共存(human-robot coexistence)、人机交互(human-robot interaction)、人机合作(human-robot cooperation)和人机协同(human-robot collaboration)四类,如表 1.1 所示。

表 1.1   人机关系特点

共享内容	人机共存	人机交互	人机合作	人机协同
工作空间	√	√	√	√
直接接触		√		√
工作任务		√		√
资　源			√	√
同步过程	√		√	√
顺序过程		√	√	

根据人机关系的分类,国际标准化组织将人机协同定义如下:一个能动的机器人系统和操作者在协作环境中同时执行任务的状态[44]。Wang 等[45]对由关键属性定义的人机协同进行了系统分析和分类。人机协同在速度、效率、更高

的生产质量和更好的工作环境等方面为工业应用提供了发展空间,得到了越来越多的关注[46, 47]。

Peternel 等[48]利用基于肌电图的人体肌肉活动实时模型,对人体运动疲劳进行了评估,以实时调整机器人操作,实现了安全高效的人机协同,并在一个材料锯切和表面抛光的协同操作任务中验证了该方法的有效性。Heydaryan 等[49]通过建模仿真与试验验证,证明了人机协同在一定程度上增加了总加工时间,同时极大地改善了工效学并有效降低了操作者受伤的风险。Zanchetti 等[50]基于高阶马尔可夫链提出了一种预测人类活动模式的算法,并在一个双臂机器人参与的装配实际场景中验证了该算法的有效性。

朱恩涌等[51]对空间任务人机协同作业进行了分析,并指出需要重点关注三个关键问题:人机任务分配、人机安全控制和人机信息交互。刘维惠等[52]基于动态动作基元模型,提出了一种机械臂三维轨迹生成和修正的方法,并通过搭建人机交互系统实现人机协同下的任务完成。李梓响[53]围绕双边装配线平衡及能耗优化问题,提出了更有效的解码方式并有针对性地设计了新算法,通过案例验证了所提出的模型和算法。李志奇等[54]建立了双臂机器人航天员系统,通过在空间微重力环境下与航天员相互配合的演示试验验证,评价了空间机器人关键技术及在轨人机协同关键技术,为人机协同开展在轨装配积累了经验和数据。

1.1.3 人机任务分配研究现状

任务分配问题是制造业中的一个重要问题,决定了先进制造系统的有效性和效率。恰当的任务分配方法可以优化现有资源的配置,使制造系统具有柔性,从而提高经济效益和社会效益。Cheng 等[55]对任务分配的相关文献进行了综述,并将任务分配的一般工作流程分为六个阶段:任务描述与建模、任务分配过程分析与建模、任务分配算法设计与选择、任务分配决策、仿真和任务执行。在装配线或其他制造系统中,采用智能设备代替人已成为一种趋势,然而智能设备并不能完全代替人,制造系统的智能性通常取决于制造过程中人机协同或交互的程度。因此,人机协同装配的任务分配已成为越来越受关注的研究领域[56]。

Takata 等[57]利用多目标优化方法解决了混合装配系统中的人机任务分配问题,在考虑未来产品型号和产量可能变化的情况下,通过最小化预期生产成本获得更加合理的人机任务分配方案。Chen 等[58]根据装配时间成本与支付成本之间的平衡关系,提出了一种描述离散事件系统的逻辑数学方法,基于遗传算法开发了一种实时可靠的子任务分配算法,并通过一个装配实例对该算法进行了验证。Tsarouchi 等[59]提出了一种在混合装配单元中进行任务规划的方法,通过结构化模型表示人机资源,基于平均资源利用率、平均流程时间和工效学等多指标对可选任务分配方案进行评价,并在一个由人和双臂机器人组成的汽车案例中对该方法进行了研究。Müller 等[60]提出了一种面向过程的人机任务分配方法,基于对人机技能的详细分析和比较,获得了合理的人机任务分配方案。Ranz 等[61]提出了一种基于能力的人机任务分配方法,通过将人机实际能力与给定任务的给定需求进行匹配,并以最大一致性作为分配决策的依据获得人机任务分配方案,提高了混合装配系统工作质量。Bänziger 等[62]基于遗传算法提出了一种结合任务分配优化和任务顺序优化的人机任务规划方法,在考虑人和机器人在共享工作空间内的动态互动的同时,评估不同的任务分配方案,以一种智能、综合的方式进行人机任务分配。Malik 等[63]提出了一种基于复杂性的任务分类方法,以求解装配工作中的人机任务分配问题,根据构建的物理特征和相关任务描述,定义影响自动化装配复杂性的属性,通过评估装配属性建立人机团队的工作负荷平衡。

王杰等[64]根据生产成本和时间成本建立了人机任务分配模型,基于遗传算法优化人机任务分配方案,并在人机协同并行装配案例中对该方法进行了验证。高云鹏[65]提出了一种以平均流程时间、资源利用率和资源利用均衡率为约束条件,通过评价任务复杂度获得人机任务分配方案的方法。南函池[66]提出了一种以工作胜任度为量化指标构建的人机协同任务分配模型,并根据目标约束在可选方案中获得最优方案的人机任务分配方法。高天宇[67]建立了装配复杂性度量模型,提出了一种以平均任职过程复杂度、时间利用均衡率和工人负荷均衡率为约束,以最小化装配系统平衡滞延时间为目标的人机任务分配方法。

1.1.4　目标位姿检测技术研究现状

视觉传感器凭借其适用范围广、信息量大等优点已成为最常见的机器人传感器之一。基于视觉的目标位姿检测按照相机类型可分为 RGB(red, green, blue)相机与深度相机两类。其中,基于深度相机的检测识别主要通过相机获取深度图像与三维点云实现对目标位姿的估计[68]。RGB 相机的检测识别主要包括基于自然特征与基于人工标识两种方式。基于自然特征的检测识别侧重于自然场景的特征信息,适用于有保持原始状态要求的作业场景;由于基于人工标识的检测识别的轮廓规则且内部颜色明显,易与周围环境区分,能快速被检测识别且对周围环境变化不敏感[69]。

国内外学者对基于视觉的位姿检测进行了大量的研究。Nishida 等[70]提出使用彩色标记获取空间天线的面板位姿,标记采用三维立体结构,包含三种颜色的圆形,通过图像检测获取每个圆形标记中心,标记的姿态可由三种圆形标记的空间关系确定。中心轴的姿态由红色和绿色标记之间的空间关系确定,围绕中心轴的旋转角度由红色和橙色标记之间的相对空间关系计算。Chen 等[71]基于相位偏移原理,提出一种可用于物理零件的高精度三维轮廓测量系统与多尺度局部几何特征快速匹配算法,能有效提高装配效率。Cesare 等[72]使用一组可变尺寸基准标记,跟踪装有相机的通用移动设备的位置和方向。

国内学者的研究主要集中在图像处理方法及其工程实践应用[73],王玉琦[74]通过识别靶标实现机械臂对空间环境中自旋目标的位姿解算。翁璇[75]搭建了大视场内多个靶板单目视觉跟踪测量系统,用于飞机机载设备的安装姿态跟踪。刘念[76]通过形状匹配算法识别零件,利用双目视觉的三角测距得到零件的深度信息,使用目标轮廓的三维点云求解零件空间位姿并通过工业机器人进行抓取与分拣。李振[77]针对轴孔装配过程中受遮挡的孔的位姿测量问题,设计了云台双目视觉系统,使用强鲁棒性局部特征检测算法和随机抽样一致性算法估计基础矩阵,获取孔边缘点三维坐标并利用空间向量法求解孔位姿。杨丽萍[78]通过将视觉与力信息进行融合实现了机械臂对静态与动态物体的抓取,利用提取物体的外接轮廓实现了对物体的定位,通过机器学习的方法实现了对物体的分类。孟少华等[79]通过双目视觉获取安装孔位姿,实现了对航天器大型部件的安装定位。陈勋漫[80]通过局部相机多点透视(perspective-n-point,PnP)测量方法,对单臂与双臂定位抓取零件进行比较,通过基于标识的视觉引导实现了双臂间的轴孔装配。

1.1.5 柔顺装配技术研究现状

柔顺装配是指通过传感器赋予机器人对作业环境的感知能力,通过柔顺控制对装配误差进行补偿从而主动完成装配任务。按柔顺性,柔顺装配可分为被动柔顺装配与主动柔顺两种方式。其中,主动柔顺装配中,由于机器人可以根据反馈信息进行控制与调整,其适应能力强、使用范围广,是目前柔顺装配领域的重点研究方向。Connolly 等[81]利用神经网络结合力/位混合控制实现了对轴孔的装配。Chan 等[82]将运动误差与力误差的二阶函数组成广义阻抗,实现了对力的控制。Wang 等[83]设计了一种自适应雅可比控制器,基于李雅普诺夫稳定性分析,证明了力和位置跟踪误差的收敛性,实现了空间机械臂的力/位混合控制。Jung 等[84]在阻抗控制框架下,通过神经网络补偿机器人动力学和未知环境的不确定性,从而获得了更好的力跟踪效果。Robert 等[85]针对 Robonaut 2 的冗余关节阻抗控制提出了多优先级阻抗控制,其中第二优先级关节空间阻抗在末端执行器的第一优先级笛卡儿阻抗的零空间中操作,并在仿真中进行了验证。Jokesch 等[86]针对电动汽车自动充电场景,提出了一种基于基因算法的阻抗控制方法,实现了对 7 个不对称的销钉的装配工作。Kim 等[87]通过力传感器提出了一种搜孔算法,以解决轴孔间位置偏差与轴孔部分重叠的问题。Song 等[88]提出了一种轴孔装配引导算法,根据模仿人的装配动作来确定机器人装配过程中的阈值。Jasim 等[89]针对轴孔接触状态检测问题,提出了一种基于期望最大化的高斯混合模型,并通过 KUKA 机器人进行了试验验证。

国内,研究人员针对柔顺控制技术在轴孔装配、表面跟踪与双臂协调作业等场景开展了应用研究。郑养龙[90]提出了一种二阶段轴孔装配策略,通过在Baxter 机械臂末端安装力传感器,分别验证了单臂装配、双臂主从协调装配、视觉与力觉协调装配三种策略的有效性,试验表明,主从协调装配的装配效率和成功率明显高于其他方式。邢宏军[91]针对阀门旋拧作业中的三种工况提出了混合柔顺策略,通过被动柔顺装置解决了旋拧过程中的侧向力与力矩问题,通过自适应阻抗控制解决了旋拧时对阀门轴向位置的跟踪问题。陈钢等[92]采用力/位混合控制,实现了航天机器人双臂轴孔装配。针对传统双臂无耦合装配精度较低的问题,采用位置-加速度控制器实现了双臂间轴孔运动约束,保证了装配精度。崔亮[93]针对阻抗控制中参数难以获取的问题,提出了临界试度法进行调整;在未知环境下通过自适应阻抗实现了对力的跟踪,并通过模糊理论实现了在线调整阻抗参数。董晓星[94]在阻抗控制器中引入了可变参数比例积分微分(proportional integral derivative, PID)前馈,并通过自适应调整 PID 参数实现了空间机械臂对接试验中力的跟随。周亚军[95]通过遗传算法计算出阻抗控制参数,并提出了机械臂实时重力补偿算法以实现对叶片的抛磨。贺军[96]针对双臂协作轴孔装配时与环境交互力的稳定性控制问题,提出了双环阻抗变刚度的力跟踪控制策略。其中,外环阻抗实现外力跟踪,内环阻抗避免了物体因内力过大而产生损坏的情况。

1.2 空间大型桁架结构需求分析

空间大型桁架结构是空间站长期运行和任务扩展、大型空间载荷(如大型太阳电池阵、大型反射面天线等)支撑框架的重要组成部分,对空间大型设施的组装与建造具有重要作用。

1.2.1 空间站长期运行与扩展需求

随着空间技术的不断发展,空间科学装备的尺寸不断增大,复杂性不断提高,作为承载基础的大型空间桁架结构的重要性不断凸显。目前,正在服役的国际空间站于 1998 年启动(图 1.7),由 15 个参与国在全球范围内完成发射、运行、培训、开发测试等工作。整个建造过程历时 14 年,经历了 40 余次太空飞行及在轨组装,形成了包含 30 余个舱段模块的大型空间结构[97]。

而计划于 2022 年建造完成的中国空间站由核心舱、实验舱 Ⅰ 和实验舱 Ⅱ 三

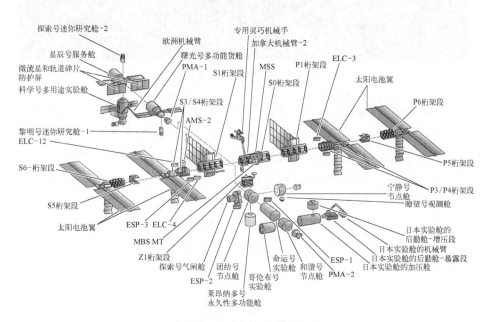

图 1.7 国际空间站基本构型

ELC 表示快速后勤舱;MBS 表示移动基座系统;PMA 表示加压适配舱;ESP 表示外部储物平台;AMS 表示阿尔法磁谱仪;MSS 表示移动服务系统

大舱段组成(图 1.8),整体呈 T 字对称构型[98]。同时,备份核心舱将作为拓展舱段,与 T 字空间站组合成为十字形空间站,并提供预留其他舱体的对接接口,用于满足空间站后续规划中的在轨装配、结构拓展等需求。

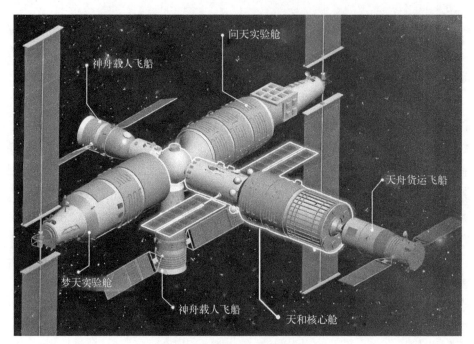

问天实验舱
神舟载人飞船
天舟货运飞船
梦天实验舱
神舟载人飞船
天和核心舱

图 1.8   中国空间站基本构型

中国空间站建造完成后,计划运营 10 年以上,应具备良好的舱段扩展、能源扩展和应用支持扩展能力,以适应可能产生的新的重大科学研究需求。随着科学试验项目增多,空间飞行器的建造基地、维修站需求增大,需要提供更大的密封舱为航天员及其试验设备提供空间,需要更大的舱外暴露平台作为临时停靠点或科学仪器的试验平台;能源需求扩展是指任务扩展所带来的能源(电池阵、电源控制模块)需求增加、热控设备增多,空间站结构需求扩展;应用支持扩展是指空间站作为一个大型基础设施,可挂载其他飞行器平台较难安装的大型载荷,以实现对地成像及观测、天文观测等功能。

上述扩展需求对应的结构形式主要为密封舱、桁架两种。目前,空间结构均为地面制造组装,并由昂贵的火箭发射送入太空。受限于整流罩包络,地面进入太空的结构件尺寸受到约束,制约了空间结构的规模和建造效率。

1.2.2　空间大型载荷在轨组装需求

依据《2016 中国的航天》白皮书[99]，要在 5 年内加快航天强国建设步伐，持续提升航天工业基础能力，继续实施载人航天工程、高分辨率对地观测系统等重大工程，启动实施天地一体信息化系统，完成火星、小行星探测任务[100]，其中包括以下几方面内容。

（1）载人航天工程需要百平方米面积以上的太阳能电池阵。

（2）天地一体信息化系统需要建造 15 m 口径以上的大型天线。

（3）火星、小行星探测任务需要建造百平方米面积以上的太阳帆。

从航天科技长远发展需求来看，主要需求如下。

（1）对地观测任务需要建造 5 m 口径以上的太空相机。

（2）天基通信任务需要建造投影面积达千平方米以上的天线。

（3）深空探测任务需要建造面积达万平方米以上太阳帆。

对于上述大型空间结构，目前的实现途径主要有两种：一种是在轨展开，发射前将结构折叠，送入轨道后再将结构展开；另一种是在轨装配，在地面制造好模块化部件，送入轨道后再组装，该方法的使用尺度没有限制，但技术难度要远远高于在轨展开。

采用模块化结构，以最小包络发射入轨，通过机器人和航天员协同装配，实现空间站大型结构的扩展或作为组装平台为其他飞行器进行装配，具有以下优势。

（1）降低发射成本，提高发射收益。

（2）突破发射包络，增大建造自由度。

（3）缩短空间系统的建造周期。

相对于地面，太空环境在可操作性、信号干扰、温度、重力、连接形式等方面存在特殊要求，地面上适用的大型桁架结构无法直接运用到太空。为了将航天员从危险的太空暴露环境中替换出来，未来的在轨装配工作将以机器人为主、航天员为辅。如何设计适用于机器人在轨装配的大型空间桁架结构，合理拆分模块化单元将是未来大型空间装备从概念走向实际应用过程的关键问题。

1.2.3　典型可扩展桁架结构特征分析

目前，太空中的可扩展桁架结构主要有三类形式，即一维拓展结构、二维拓展结构和三维拓展结构。

1. 一维拓展结构

一维拓展结构的整体特性近似于梁结构，可在拓展方向上提取出同构的桁

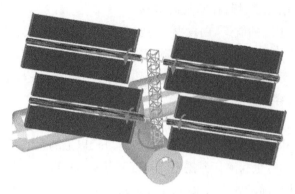

图 1.9　应用于可扩展太阳电池翼结构的一维拓展结构

架单元,典型的大型直立桁架结构见图 1.9。大型直立桁架结构具有尺度大、形状规则,可通过模块装配提高构建效率等优势,广泛应用于太阳电池翼扩展支撑桁架、大型散热片扩展支撑桁架、微流星防护盾支撑桁架、大型直线天线支撑桁架等场景。

2. 二维拓展结构

二维拓展结构为平面拓展形式或规则曲面(主要为球面及抛物面)的拓展形式,整体特性近似于板、壳结构,可在拓展方向上提取出同构的桁架单元,且结构单元可实现平面密排。典型的应用包括暴露平台载荷支撑桁架、大规模太阳能阵列、大口径望远镜等(图 1.10)。

图 1.10　应用于国际空间站试验后勤平台的二维拓展结构

暴露平台载荷支撑桁架尺度超长、形状规则、模块单元具有高收藏比,适用于大型载荷支撑,如侦查预警、对地高分辨率成像系统、大功率微波雷达等大口径载荷。此外,暴露平台支撑桁架也可以用于扩展空间站应用,构建试验及后勤平台等。

3. 三维拓展结构

三维拓展结构可满足不同的太空设备拓展需求,其结构整体形式复杂多变,通常难以对结构进行简化处理,也很难找到规律的基本拓展桁架单元,对于不同的特殊舱段连接桁架,往往需要根据具体情况选用恰当的方法进行分析。应用于国际空间站中部分特殊舱段连接桁架的构型如图1.11所示(图中S、P表示结构类型)。

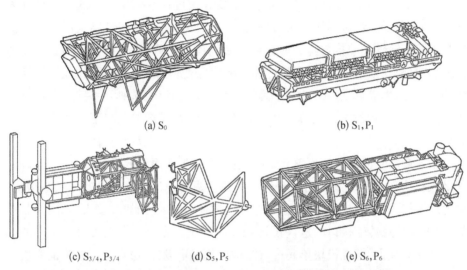

(a) S_0

(b) S_1,P_1

(c) $S_{3/4},P_{3/4}$

(d) S_5,P_5

(e) S_6,P_6

图1.11 应用于国际空间站中部分特殊舱段连接桁架的构型

特殊舱段连接桁架具有构型复杂、高刚度、高精度等特点,用于实现两个不规则舱段之间的连接或复杂舱段之间的连接,包含大型组合体飞行器挂载平台、推进系统挂载、舱外独立能源管理系统支撑桁架等,可用于具有特殊要求的舱外暴露载荷设备的安装连接与试验支持。

1.3 本书的主要内容

本书以空间大型桁架结构为基本对象,通过将基础理论与工程实践相结合,系统阐述空间大型桁架结构的人机协作装配基本问题和解决方法,介绍大型桁架结构在空间站任务扩展、大型空间设施组装与建造中的应用。全书围绕大型桁架结构人机协作组装的理论和实际问题进行阐述,共分为6章,涵盖空间大型桁架结构设计、仿真分析和试验验证等过程。

第1章绪论,概述空间大型结构在轨组装国内外研究现状,包括空间桁架装配技术、人机协同技术、人机任务分配、目标位姿检测技术、柔顺装配技术等,并针对空间大型桁架结构在空间站运行与扩展、空间大型载荷在轨组装方面进行了应用需求分析,对可扩展桁架结构进行了一维、二维和三维拓展结构特征分析。

第2章可扩展桁架结构平台系统,主要介绍可扩展桁架平台的系统设计方案,将轴向和径向快速插拔接头方案应用于空间站可扩展桁架结构的装配。提出基于状态矩阵和邻接矩阵的四面体桁架结构、立方体桁架结构等的装配序列描述、装配模式描述、装配过程描述和装配信息复原描述。基于可扩展桁架结构的构建方法,生成直立桁架、矩形暴露平台桁架、圆柱体/圆锥台特殊舱段连接桁架等数字样机,通过模态仿真分析获得空载、半载、满载等工况下的桁架结构基频特性。

第3章高刚度标准模块单元结构设计,构建接头系统的设计体系框架,研究满足人机协作快速装配的桁架构件及快装接头的设计方法,从拓扑层、结构层、动力层对接头系统进行拓扑抽象和符号化描述;开展径向快装接头、轴向快装接头、供电及信息传输接口的迭代设计和样机研制。充分考虑人机协同装配的适应性和便利性,对标准模块单元进行结构优化减重设计,仿真分析并验证模块单元的各向承载性能、装配设计允差、接头配合间隙和拉压刚度特性等。

第4章人机协作装配的任务规划,根据空间直立桁架单元装配任务的特征,建立基于层次任务分析的空间直立桁架单元装配任务模型,制定基于能力的空间直立桁架单元人机装配任务分配策略,对空间直立桁架单元的人机协同装配任务进行仿真。同时,通过地面试验平台,开展桁架单元人机协同装配地面试验,验证装配任务分配方案的可行性。

第5章机器人装配操作与协调控制,以空间大型直立桁架为研究对象,使用单目相机实现机械臂对连接杆件的目标位姿测量。结合桁架自身结构与安装场景特点,制定出基于力传感器的双臂杆件柔顺装配策略,当机器人通过力传感器信息分析出杆件的装配位姿后进行纠偏,直至完成配合,从而实现机械臂的杆件柔顺装配。通过使用 Baxter 双臂机器人、力传感器与支撑短杆来搭建柔顺装配平台,验证双臂杆件柔顺装配策略的有效性。

第6章桁架结构组装性能验证与评估,针对大型可扩展空间结构地面演示样机及数字样机进行可扩展尺寸、在轨扩展与构建方式、模块通用化、标准化接口及快速插拔功能、组装定位精度、总质量、基频、技术成熟度等方面的性能验证与评估。

第 2 章

可扩展桁架结构平台系统

根据拓展维度,可扩展空间桁架可分为三类结构形式:① 一维拓展可形成类梁结构;② 二维拓展可形成类板结构;③ 三维拓展可形成空间填充结构。对应太空桁架结构应用,一维拓展模式通常用于构建直立桁架,如大型天线、太阳能电阵的支撑桁架;二维拓展模式通常用于构建暴露平台,如大型光学载荷、大型太阳能电站、试验后勤平台等基础支持框架;三维拓展模式可用于构建不同位姿和角度下的特殊舱段连接桁架。对应不同的应用途径,需要采用不同的空间大型桁架构建与拓展技术。

2.1 可扩展桁架结构的构建方法

本节所讨论的可扩展桁架的节点形式均为球节点,每一根桁架杆直接连在两个球节点之间,不穿过额外的球节点。球节点与桁架杆通过接头系统实现快速连接,母接头(或称球接头)作为接头系统的组成部分预装于球节点上,公接头(或杆接头)作为接头系统的组成部分预装于桁架杆上。球节点中用于预装母接头的基础零件称为球点,桁架杆中用于预装公接头的基础零件称为杆件。

2.1.1 可扩展桁架结构的基本单元

图 2.1 为本节所讨论的空间桁架结构的一种形式,该桁架结构由 12 个球节

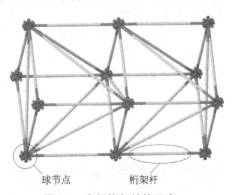

球节点　　　　桁架杆

图 2.1 空间桁架结构示意

点构件、31 个桁架杆构件组成。右下角圈出来的桁架杆如图 2.2(a)所示,其主体结构为杆件零件,在杆件零件上预装有 2 个杆接头,用来与 2 个球节点实现快速装配。左下角圈出来的球节点如图 2.2(b)所示,其主体结构为球点零件,在球点零件上预装有 6 个球接头,用来与 6 根桁架杆实现快速装配。图 2.2(d)~(g)所示的球点、公接头、母接头、杆件是可扩展空间桁架结构的四类零件级模块单元,简称零件单元,其中公接头与母接头构成一个接头系统,如图 2.2(c)所示。球节点与桁架杆是可扩展空间桁架结构的两类构件级模块单元,简称构件单元。

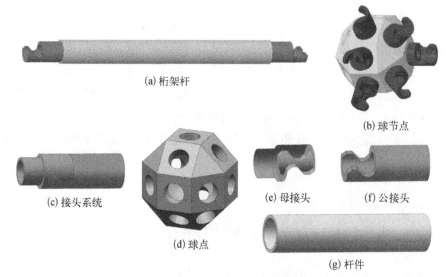

(a)桁架杆

(b)球节点

(c)接头系统

(d)球点

(e)母接头

(f)公接头

(g)杆件

图 2.2　构成桁架结构的构件单元与零件单元

　　几个构件单元可以装配形成一个结构静定的平面或空间结构框架,若一个或几个结构框架通过某种规律方式重复拓展形成大型桁架结构,则将这种结构框架称为结构单元,结构单元为可扩展空间桁架结构的结构级模块化单元。图 2.1 所示的桁架结构可以视为由图 2.3(a)所示的两个立方体结构单元拓展形成,而图 2.3(a)所示的立方体结构单元又可以拆分成图 2.3(b)和(c)所示的两类四面体结构单元。

　　图 2.1 的桁架结构即为两个立方体结构单元构成的直立桁架结构,图 2.4 是四面体结构单元构成的暴露平台桁架结构,图 2.5 是立方体结构单元与四面体结构单元构成的特殊舱段连接桁架结构。

(a) 立方体单元

(b) 直角四面体单元

(c) 正四面体单元

图 2.3　构成桁架的结构单元

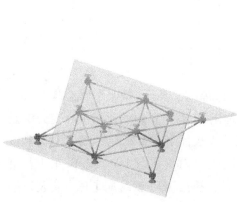

图 2.4　暴露平台桁架结构示意

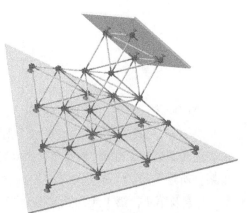

图 2.5　特殊舱段连接桁架结构示意

2.1.2　可扩展桁架的邻接矩阵描述

空间桁架的构件单元仅有球节点与桁架杆两种类型,且两类构件单元在桁架结构中交替装配,球节点之间通过桁架杆连接,桁架杆之间由球节点连通。空间桁架结构可以用拓扑图的方式来描述,拓扑图中每个节点对应一个桁架的球点,节点之间的连线代表杆件。组成一个桁架结构的结构单元所对应的拓扑图是这个桁架结构所对应的拓扑图的子图,应用桁架拓扑图可以写出对应的邻接矩阵,方便从数学上判断桁架的同构关系、判断结构是否静定,进而对桁架结构单元进行分类。

1. 四面体结构单元

图 2.6 为一个四面体可拓展桁架结构,将 4 个球节点分别标号为 A、B、C、D,6 根桁架杆依照装配次序分别标号为 1~6,则可得到四面体桁架结构的拓扑

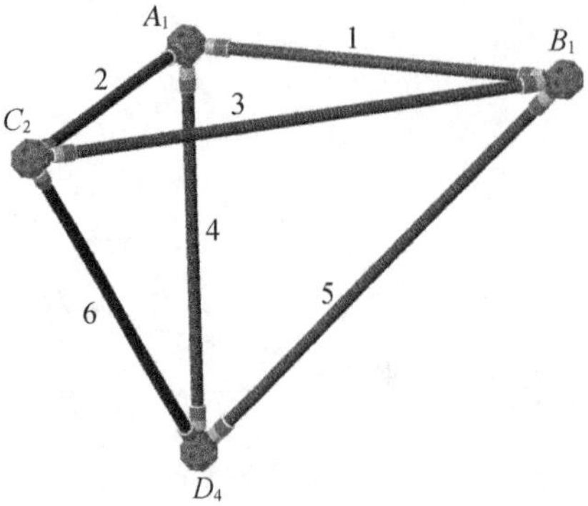

图2.6　四面体可拓展桁架结构

图及其对应的邻接矩阵。一般情况下,无向图中缺少节点是否存在的信息,而对应的邻接矩阵中对角线元素始终为0。因此,考虑补充节点状态矩阵,形成同时包含节点与边状态的邻接矩阵描述。在通常邻接矩阵的描述基础上,通过对角线元素的变化表征对球节点状态的描述,可以形成该四面体单元的邻接矩阵描述,见式(2.1)。

$$S = \begin{bmatrix} 1 & 1 & 1 & 1 \\ 1 & 1 & 1 & 1 \\ 1 & 1 & 1 & 1 \\ 1 & 1 & 1 & 1 \end{bmatrix} \tag{2.1}$$

该四面体可拓展桁架结构的装配过程如图2.7所示,每一个状态均对应一个状态矩阵,见式(2.2)。状态矩阵为对称矩阵,其中对角线元素由0变为1表征当前步骤装配了球点,其他元素由0变为1表征当前步骤装配了桁架杆,且该桁架杆所连接的球点序号为对应的行、列序号。对比状态4与状态3,第1行第4列元素及第4行第1、4列元素由0变为1,说明当前步骤装配了球点4及连接球点1、4的桁架杆。

$$S_0 = \begin{bmatrix} 0 & 0 & 0 & 0 \\ 0 & 0 & 0 & 0 \\ 0 & 0 & 0 & 0 \\ 0 & 0 & 0 & 0 \end{bmatrix}, \quad S_1 = \begin{bmatrix} 1 & 1 & 0 & 0 \\ 1 & 1 & 0 & 0 \\ 0 & 0 & 0 & 0 \\ 0 & 0 & 0 & 0 \end{bmatrix}, \quad S_2 = \begin{bmatrix} 1 & 1 & 1 & 0 \\ 1 & 1 & 0 & 0 \\ 1 & 0 & 1 & 0 \\ 0 & 0 & 0 & 0 \end{bmatrix}$$

$$S_3 = \begin{bmatrix} 1 & 1 & 1 & 0 \\ 1 & 1 & 1 & 0 \\ 1 & 1 & 1 & 0 \\ 0 & 0 & 0 & 0 \end{bmatrix}, \quad S_4 = \begin{bmatrix} 1 & 1 & 1 & 1 \\ 1 & 1 & 1 & 0 \\ 1 & 1 & 1 & 0 \\ 1 & 0 & 0 & 1 \end{bmatrix}, \quad S_5 = \begin{bmatrix} 1 & 1 & 1 & 1 \\ 1 & 1 & 1 & 1 \\ 1 & 1 & 1 & 0 \\ 1 & 1 & 0 & 1 \end{bmatrix} \tag{2.2}$$

$$S_6 = \begin{bmatrix} 1 & 1 & 1 & 1 \\ 1 & 1 & 1 & 1 \\ 1 & 1 & 1 & 1 \\ 1 & 1 & 1 & 1 \end{bmatrix}$$

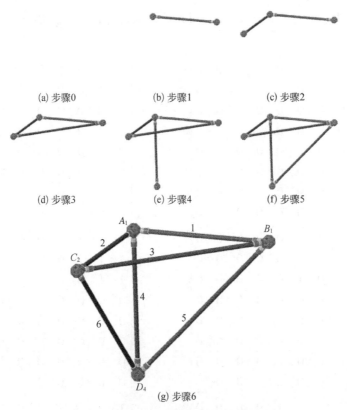

(a) 步骤0　　　　　(b) 步骤1　　　　　(c) 步骤2

(d) 步骤3　　　　　(e) 步骤4　　　　　(f) 步骤5

(g) 步骤6

图 2.7 四面体可拓展桁架结构的装配过程

2. 立方体结构单元

同理,对于图 2.8 所示的一个 8 节点的立方体可拓展桁架结构,具有 18 根

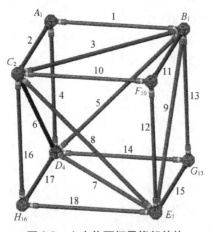

图 2.8 立方体可拓展桁架结构

桁架杆,一共需要 18 步完成装配,因此可以通过邻接矩阵描述其装配过程,见式(2.3)。

$$
S_0 = \begin{bmatrix} 0 & 0 & 0 & 0 & 0 & 0 & 0 & 0 \\ 0 & 0 & 0 & 0 & 0 & 0 & 0 & 0 \\ 0 & 0 & 0 & 0 & 0 & 0 & 0 & 0 \\ 0 & 0 & 0 & 0 & 0 & 0 & 0 & 0 \\ 0 & 0 & 0 & 0 & 0 & 0 & 0 & 0 \\ 0 & 0 & 0 & 0 & 0 & 0 & 0 & 0 \\ 0 & 0 & 0 & 0 & 0 & 0 & 0 & 0 \\ 0 & 0 & 0 & 0 & 0 & 0 & 0 & 0 \end{bmatrix}, \quad
S_1 = \begin{bmatrix} 1 & 1 & 0 & 0 & 0 & 0 & 0 & 0 \\ 1 & 1 & 0 & 0 & 0 & 0 & 0 & 0 \\ 0 & 0 & 0 & 0 & 0 & 0 & 0 & 0 \\ 0 & 0 & 0 & 0 & 0 & 0 & 0 & 0 \\ 0 & 0 & 0 & 0 & 0 & 0 & 0 & 0 \\ 0 & 0 & 0 & 0 & 0 & 0 & 0 & 0 \\ 0 & 0 & 0 & 0 & 0 & 0 & 0 & 0 \\ 0 & 0 & 0 & 0 & 0 & 0 & 0 & 0 \end{bmatrix}
$$

$$
S_2 = \begin{bmatrix} 1 & 1 & 1 & 0 & 0 & 0 & 0 & 0 \\ 1 & 1 & 0 & 0 & 0 & 0 & 0 & 0 \\ 1 & 0 & 1 & 0 & 0 & 0 & 0 & 0 \\ 0 & 0 & 0 & 0 & 0 & 0 & 0 & 0 \\ 0 & 0 & 0 & 0 & 0 & 0 & 0 & 0 \\ 0 & 0 & 0 & 0 & 0 & 0 & 0 & 0 \\ 0 & 0 & 0 & 0 & 0 & 0 & 0 & 0 \\ 0 & 0 & 0 & 0 & 0 & 0 & 0 & 0 \end{bmatrix}, \quad
S_3 = \begin{bmatrix} 1 & 1 & 1 & 0 & 0 & 0 & 0 & 0 \\ 1 & 1 & 1 & 0 & 0 & 0 & 0 & 0 \\ 1 & 1 & 1 & 0 & 0 & 0 & 0 & 0 \\ 0 & 0 & 0 & 0 & 0 & 0 & 0 & 0 \\ 0 & 0 & 0 & 0 & 0 & 0 & 0 & 0 \\ 0 & 0 & 0 & 0 & 0 & 0 & 0 & 0 \\ 0 & 0 & 0 & 0 & 0 & 0 & 0 & 0 \\ 0 & 0 & 0 & 0 & 0 & 0 & 0 & 0 \end{bmatrix}
$$

$$
S_4 = \begin{bmatrix} 1 & 1 & 1 & 1 & 0 & 0 & 0 & 0 \\ 1 & 1 & 1 & 0 & 0 & 0 & 0 & 0 \\ 1 & 1 & 1 & 0 & 0 & 0 & 0 & 0 \\ 1 & 0 & 0 & 1 & 0 & 0 & 0 & 0 \\ 0 & 0 & 0 & 0 & 0 & 0 & 0 & 0 \\ 0 & 0 & 0 & 0 & 0 & 0 & 0 & 0 \\ 0 & 0 & 0 & 0 & 0 & 0 & 0 & 0 \\ 0 & 0 & 0 & 0 & 0 & 0 & 0 & 0 \end{bmatrix}, \quad
S_5 = \begin{bmatrix} 1 & 1 & 1 & 1 & 0 & 0 & 0 & 0 \\ 1 & 1 & 1 & 1 & 0 & 0 & 0 & 0 \\ 1 & 1 & 1 & 0 & 0 & 0 & 0 & 0 \\ 1 & 1 & 0 & 1 & 0 & 0 & 0 & 0 \\ 0 & 0 & 0 & 0 & 0 & 0 & 0 & 0 \\ 0 & 0 & 0 & 0 & 0 & 0 & 0 & 0 \\ 0 & 0 & 0 & 0 & 0 & 0 & 0 & 0 \\ 0 & 0 & 0 & 0 & 0 & 0 & 0 & 0 \end{bmatrix}
$$

$$
S_6 = \begin{bmatrix} 1 & 1 & 1 & 1 & 0 & 0 & 0 & 0 \\ 1 & 1 & 1 & 1 & 0 & 0 & 0 & 0 \\ 1 & 1 & 1 & 1 & 0 & 0 & 0 & 0 \\ 1 & 1 & 1 & 1 & 0 & 0 & 0 & 0 \\ 0 & 0 & 0 & 0 & 0 & 0 & 0 & 0 \\ 0 & 0 & 0 & 0 & 0 & 0 & 0 & 0 \\ 0 & 0 & 0 & 0 & 0 & 0 & 0 & 0 \\ 0 & 0 & 0 & 0 & 0 & 0 & 0 & 0 \end{bmatrix}, \quad
S_7 = \begin{bmatrix} 1 & 1 & 1 & 1 & 0 & 0 & 0 & 0 \\ 1 & 1 & 1 & 1 & 0 & 0 & 0 & 0 \\ 1 & 1 & 1 & 1 & 0 & 0 & 0 & 0 \\ 1 & 1 & 1 & 1 & 1 & 0 & 0 & 0 \\ 0 & 0 & 0 & 1 & 1 & 0 & 0 & 0 \\ 0 & 0 & 0 & 0 & 0 & 0 & 0 & 0 \\ 0 & 0 & 0 & 0 & 0 & 0 & 0 & 0 \\ 0 & 0 & 0 & 0 & 0 & 0 & 0 & 0 \end{bmatrix}
$$

$$
S_8 = \begin{bmatrix}
1 & 1 & 1 & 1 & 0 & 0 & 0 & 0 \\
1 & 1 & 1 & 1 & 0 & 0 & 0 & 0 \\
1 & 1 & 1 & 1 & 1 & 0 & 0 & 0 \\
1 & 1 & 1 & 1 & 1 & 0 & 0 & 0 \\
0 & 0 & 1 & 1 & 1 & 0 & 0 & 0 \\
0 & 0 & 0 & 0 & 0 & 0 & 0 & 0 \\
0 & 0 & 0 & 0 & 0 & 0 & 0 & 0 \\
0 & 0 & 0 & 0 & 0 & 0 & 0 & 0
\end{bmatrix}, \quad
S_9 = \begin{bmatrix}
1 & 1 & 1 & 1 & 0 & 0 & 0 & 0 \\
1 & 1 & 1 & 1 & 1 & 0 & 0 & 0 \\
1 & 1 & 1 & 1 & 1 & 0 & 0 & 0 \\
1 & 1 & 1 & 1 & 1 & 0 & 0 & 0 \\
0 & 1 & 1 & 1 & 1 & 0 & 0 & 0 \\
0 & 0 & 0 & 0 & 0 & 0 & 0 & 0 \\
0 & 0 & 0 & 0 & 0 & 0 & 0 & 0 \\
0 & 0 & 0 & 0 & 0 & 0 & 0 & 0
\end{bmatrix}
$$

$$
S_{10} = \begin{bmatrix}
1 & 1 & 1 & 1 & 0 & 0 & 0 & 0 \\
1 & 1 & 1 & 1 & 1 & 0 & 0 & 0 \\
1 & 1 & 1 & 1 & 1 & 1 & 0 & 0 \\
1 & 1 & 1 & 1 & 1 & 0 & 0 & 0 \\
0 & 1 & 1 & 1 & 1 & 0 & 0 & 0 \\
0 & 0 & 1 & 0 & 0 & 1 & 0 & 0 \\
0 & 0 & 0 & 0 & 0 & 0 & 0 & 0 \\
0 & 0 & 0 & 0 & 0 & 0 & 0 & 0
\end{bmatrix}, \quad
S_{11} = \begin{bmatrix}
1 & 1 & 1 & 1 & 0 & 0 & 0 & 0 \\
1 & 1 & 1 & 1 & 1 & 1 & 0 & 0 \\
1 & 1 & 1 & 1 & 1 & 1 & 0 & 0 \\
1 & 1 & 1 & 1 & 1 & 0 & 0 & 0 \\
0 & 1 & 1 & 1 & 1 & 0 & 0 & 0 \\
0 & 1 & 1 & 0 & 0 & 1 & 0 & 0 \\
0 & 0 & 0 & 0 & 0 & 0 & 0 & 0 \\
0 & 0 & 0 & 0 & 0 & 0 & 0 & 0
\end{bmatrix}
$$

$$
S_{12} = \begin{bmatrix}
1 & 1 & 1 & 1 & 0 & 0 & 0 & 0 \\
1 & 1 & 1 & 1 & 1 & 1 & 0 & 0 \\
1 & 1 & 1 & 1 & 1 & 1 & 0 & 0 \\
1 & 1 & 1 & 1 & 1 & 0 & 0 & 0 \\
0 & 1 & 1 & 1 & 1 & 1 & 0 & 0 \\
0 & 1 & 1 & 0 & 1 & 1 & 0 & 0 \\
0 & 0 & 0 & 0 & 0 & 0 & 0 & 0 \\
0 & 0 & 0 & 0 & 0 & 0 & 0 & 0
\end{bmatrix}, \quad
S_{13} = \begin{bmatrix}
1 & 1 & 1 & 1 & 0 & 0 & 0 & 0 \\
1 & 1 & 1 & 1 & 1 & 1 & 1 & 0 \\
1 & 1 & 1 & 1 & 1 & 1 & 0 & 0 \\
1 & 1 & 1 & 1 & 1 & 0 & 0 & 0 \\
0 & 1 & 1 & 1 & 1 & 1 & 0 & 0 \\
0 & 1 & 1 & 0 & 1 & 1 & 0 & 0 \\
0 & 1 & 0 & 0 & 0 & 0 & 1 & 0 \\
0 & 0 & 0 & 0 & 0 & 0 & 0 & 0
\end{bmatrix}
$$

$$
S_{14} = \begin{bmatrix}
1 & 1 & 1 & 1 & 0 & 0 & 0 & 0 \\
1 & 1 & 1 & 1 & 1 & 1 & 1 & 0 \\
1 & 1 & 1 & 1 & 1 & 1 & 0 & 0 \\
1 & 1 & 1 & 1 & 1 & 0 & 1 & 0 \\
0 & 1 & 1 & 1 & 1 & 1 & 0 & 0 \\
0 & 1 & 1 & 0 & 1 & 1 & 0 & 0 \\
0 & 1 & 0 & 1 & 0 & 0 & 1 & 0 \\
0 & 0 & 0 & 0 & 0 & 0 & 0 & 0
\end{bmatrix}, \quad
S_{15} = \begin{bmatrix}
1 & 1 & 1 & 1 & 0 & 0 & 0 & 0 \\
1 & 1 & 1 & 1 & 1 & 1 & 1 & 0 \\
1 & 1 & 1 & 1 & 1 & 1 & 0 & 0 \\
1 & 1 & 1 & 1 & 1 & 0 & 1 & 0 \\
0 & 1 & 1 & 1 & 1 & 1 & 1 & 0 \\
0 & 1 & 1 & 0 & 1 & 1 & 0 & 0 \\
0 & 1 & 0 & 1 & 1 & 0 & 1 & 0 \\
0 & 0 & 0 & 0 & 0 & 0 & 0 & 0
\end{bmatrix}
$$

$$
S_{16} = \begin{bmatrix} 1 & 1 & 1 & 1 & 0 & 0 & 0 & 0 \\ 1 & 1 & 1 & 1 & 1 & 1 & 1 & 0 \\ 1 & 1 & 1 & 1 & 1 & 1 & 0 & 1 \\ 1 & 1 & 1 & 1 & 1 & 0 & 1 & 0 \\ 0 & 1 & 1 & 1 & 1 & 1 & 1 & 0 \\ 0 & 1 & 1 & 0 & 1 & 1 & 0 & 0 \\ 0 & 1 & 0 & 1 & 1 & 0 & 1 & 0 \\ 0 & 0 & 1 & 0 & 0 & 0 & 0 & 1 \end{bmatrix}, \quad S_{17} = \begin{bmatrix} 1 & 1 & 1 & 1 & 0 & 0 & 0 & 0 \\ 1 & 1 & 1 & 1 & 1 & 1 & 1 & 0 \\ 1 & 1 & 1 & 1 & 1 & 1 & 0 & 1 \\ 1 & 1 & 1 & 1 & 1 & 0 & 1 & 1 \\ 0 & 1 & 1 & 1 & 1 & 1 & 1 & 0 \\ 0 & 1 & 1 & 0 & 1 & 1 & 0 & 0 \\ 0 & 1 & 0 & 1 & 1 & 0 & 1 & 0 \\ 0 & 0 & 1 & 1 & 0 & 0 & 0 & 1 \end{bmatrix}
$$

$$
S_{18} = \begin{bmatrix} 1 & 1 & 1 & 1 & 0 & 0 & 0 & 0 \\ 1 & 1 & 1 & 1 & 1 & 1 & 1 & 0 \\ 1 & 1 & 1 & 1 & 1 & 1 & 0 & 1 \\ 1 & 1 & 1 & 1 & 1 & 0 & 1 & 1 \\ 0 & 1 & 1 & 1 & 1 & 1 & 1 & 1 \\ 0 & 1 & 1 & 0 & 1 & 1 & 0 & 0 \\ 0 & 1 & 0 & 1 & 1 & 0 & 1 & 0 \\ 0 & 0 & 1 & 1 & 1 & 0 & 0 & 1 \end{bmatrix} \tag{2.3}
$$

2.1.3 可扩展桁架的标准化设计

1. 一维拓展桁架结构单元设计

设计一维拓展桁架结构单元(通常用于直立桁架)时,考虑球点的复用性,选择正多边形的规则组合变异作为榀架单元,榀架单元为静定的平面桁架结构。榀架沿着平面法向方向成阵列拓展,然后在两个榀架之间补充杆件并判断结构是否静定,形成一个完整的静定或超静定结构单元。该方法的具体步骤如下。

步骤1:对 v 进行因数分解,提取当前最小的质因子 a,见式(2.4)。

$$
v = av' \tag{2.4}
$$

步骤2:以正 v 边形的某一顶点为起点,选择一个方向起点后的第 a 个点作为终点,在起点终点之间添加一条边,对于起点与终点之间的点,分别在与其距离最近的端点之间添加一条边。以当前终点为新的起点,按照同一规则继续添加剩余的边,最终在正 v 边形内部形成一个正 v' 边形。

步骤3:若 v' 为质数,选择一个顶点,在该顶点与其他顶点之间添加一条边。否则将 v' 作为新的 v,重复步骤1。

图2.9为一个正多边形榀架结构单元的生成过程。

(a) 步骤1　　　　　　(b) 步骤2　　　　　　(c) 步骤3

图 2.9　正多边形榀架结构单元的生成过程

采用该方法可以得到静定榀架单元,但生成的榀架异构顶点种类最少。相应地,对榀架单元拓展后,所得到的异构球点种类也会比其他方式生成的桁架单元少。

有时会要求结构中空,上述生长方式无法满足要求,在这种情况下可使用如下方法。

步骤 1:在正 v 边形外偏移并旋转 π/v 角度,得到拓展的正 v 边形。

步骤 2:连接两层最近的顶点,添加边。

图 2.10 为一个正多边形中空榀架结构单元的生成过程。

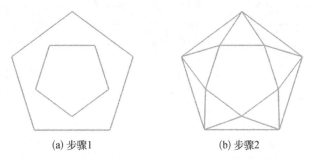

(a) 步骤1　　　　　　　　(b) 步骤2

图 2.10　正多边形中空榀架结构单元的生成过程

采用该方法可以得到三次超静定中空榀架单元,榀架异构顶点仅有两种。得到榀架单元后,沿着榀架平面法向方向阵列拓展,形成正多棱柱或中空正多棱柱结构。添加正多棱柱或中空正多棱柱的棱边与柱面对角线,可以得到一维拓展桁架结构单元。图 2.9 和图 2.10 中两种榀架对应的一维拓展桁架结构单元分别如图 2.11(a)和 2.11(b)所示。

2. 二维拓展桁架设计

二维拓展桁架(一般用于暴露平台载荷)可以看作两个无限大榀架之间通过补充杆件连接而成,参考网架结构的构建模式,引入如下二维拓展桁架生成方式。

步骤 1：建立正多边形填充榀架，作为二维拓展桁架上弦。

步骤 2：将上弦正多边形面心、边中点、顶点在下弦平面投影，选择其中的几类投影点作为下弦节点，补充下弦杆完善下弦。

步骤 3：补充腹杆（及弦杆）建立二维拓展桁架结构，校核结构自由度。

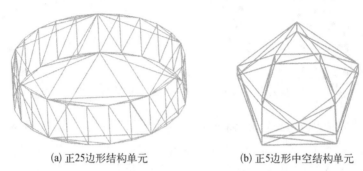

(a) 正25边形结构单元　　　　　　　　(b) 正5边形中空结构单元

图 2.11　一维拓展桁架结构单元

图 2.12 为一个正方形填充的二维拓展桁架结构建立过程，在空间网架领域称为正放四角锥网架。

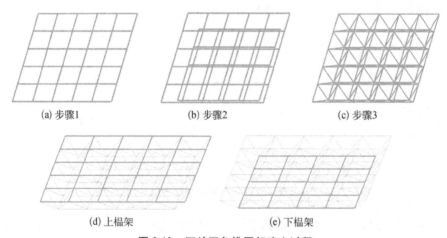

(a) 步骤1　　　　　　(b) 步骤2　　　　　　(c) 步骤3

(d) 上榀架　　　　　　　　　(e) 下榀架

图 2.12　正放四角锥网架建立过程

3. 三维拓展桁架设计

三维拓展桁架主要用于实现舱段之间的连接，两个舱段之间的装配平面可能平行，也可能具有一定角度，还有些连接要求两舱段之间有足够的距离。三维拓展桁架的设计很复杂，考虑到平行六面体可以作为空间结构填充的基本单元，对于三维拓展桁架，采用平行六面体作为结构单元生成。

平行六面体结构单元拓展桁架的球点仅有 1 种，而杆件有 3 类棱边杆、6 类面对角杆和 4 类体对角杆。在某些规律拓展方式下，可以简化为 3 类棱边杆、3 类面对角杆和 1 类体对角杆。

空间任意三个点可以构成一个平面，平行六面体具有 13 个两两相交的平面。图 2.13 中，一组两两相交的平面包括：平面 $ABCD$、平面 $ABFE$、平面 $ADHE$，平面 $ACGE$、平面 $BFHD$、平面 $AFGD$、平面 $BCHE$、平面 $ABGH$、平面 $CDEF$，平面 BDE、平面 ACF、平面 BDG、平面 ACH。但需要注意的是，13 个平面中仅有 4 个平面是参数独立的，因此一个平行六面体结构单元可以适用 12 种不同特殊舱段的拓展需求，其中 3 种拓展需求是独立的。

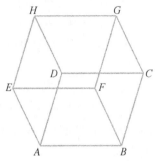

图 2.13　平行六面体结构单元

基于平行六面体结构单元可以实现需求复杂的特殊舱段连接，图 2.14 列举了部分情况。

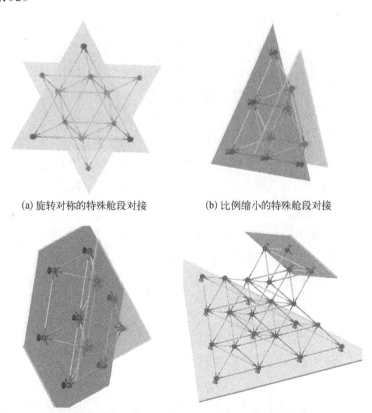

(a) 旋转对称的特殊舱段对接　　(b) 比例缩小的特殊舱段对接

(c) 不同形状接口的特殊舱段连接对接　　(d) 呈一定角度的特殊舱段对接

图 2.14　基于平行六面体结构单元的几类特殊舱段连接形式

2.1.4 可扩展桁架的构建综合设计

1. 可扩展桁架结构的装配序列描述

2.1.2 节中的邻接矩阵描述适用于描述完整的桁架结构,但无法描述装配过程,也无法体现桁架结构的可扩展特性。因此,需要在邻接矩阵的基础上进行信息扩充。

首先将式(2.2)、式(2.3)所示的装配过程整合,按照矩阵内元素 1 出现的顺序整合为一个装配序列矩阵,矩阵中的数字代表装配序列的顺序号。式(2.5)是图 2.7 所示四面体桁架的装配序列矩阵,式(2.6)是图 2.8 所示立方体桁架的装配序列矩阵。

$$O_{\text{tetra}} = \begin{bmatrix} 1 & 1 & 2 & 4 \\ 1 & 1 & 3 & 5 \\ 2 & 3 & 2 & 6 \\ 4 & 5 & 6 & 4 \end{bmatrix} \tag{2.5}$$

$$O_{\text{cube}} = \begin{bmatrix} 1 & 1 & 2 & 4 & 0 & 0 & 0 & 0 \\ 1 & 1 & 3 & 5 & 9 & 11 & 13 & 0 \\ 2 & 3 & 2 & 6 & 8 & 10 & 0 & 16 \\ 4 & 5 & 6 & 4 & 7 & 0 & 14 & 17 \\ 0 & 9 & 8 & 7 & 7 & 12 & 15 & 18 \\ 0 & 11 & 10 & 0 & 12 & 10 & 0 & 0 \\ 0 & 13 & 0 & 14 & 15 & 0 & 13 & 0 \\ 0 & 0 & 16 & 17 & 18 & 0 & 0 & 16 \end{bmatrix} \tag{2.6}$$

基于式(2.5)和式(2.6),可以归纳出四面体桁架与立方体桁架的装配序列。对于一般的可扩展桁架结构,装配序列矩阵的描述如式(2.7)所示。式中,对角线元素描述的是球节点在装配序列中的次序,上下三角元素描述的是两球节点之间的桁架杆的装配次序。若元素为 0 或置空,表明该位置无桁架杆或尚未装配桁架杆。

$$O = \begin{bmatrix} o_1 & o_{1,2} & o_{1,3} & \cdots & o_{1,v} \\ o_{2,1} & o_2 & o_{2,3} & \cdots & o_{2,v} \\ o_{3,1} & o_{3,2} & o_3 & \ddots & \vdots \\ \vdots & \vdots & \ddots & \ddots & o_{v-1,v} \\ o_{v,1} & o_{v,2} & \cdots & o_{v,v-1} & o_v \end{bmatrix} \tag{2.7}$$

2. 可扩展桁架结构的装配模式描述

图 2.15 给出了图 2.7 的一种可行的装配模式,其中以球点 A 为坐标原点建立坐标系,AB、AC、AD 分别为 x、y、z 轴正方向。杆 1 与球点 A、B 固连;杆 2 与球点 C 固连,沿着 y 轴负向移动装入球点 A;杆 3 沿着 xy 轴负半轴角平分线方向移动装入球点 B、C 之间;杆 4 与球点 D 固连,沿着 z 轴负向移动装入球点 A;杆 5 沿着 xz 轴负半轴角平分线方向移动装入球点 B、D 之间;杆 6 沿着 yz 轴负半轴角平分线方向移动装入球点 C、D 之间。

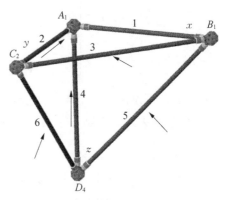

图 2.15　四面体桁架结构的装配模式

为描述球点位置及杆件装配模式,在当前坐标系 A_{xyz} 下,可以将图 2.15 中关于装配模式的信息描述成式(2.8)的结构:

$$
T_{\text{tetra}} = \begin{bmatrix}
(0, 0, 0)^{\mathrm{T}} & (0, 0, 0)^{\mathrm{T}} & (0, -1, 0)^{\mathrm{T}} & (0, 0, -1)^{\mathrm{T}} \\
(0, 0, 0)^{\mathrm{T}} & (1, 0, 0)^{\mathrm{T}} & (-1, -1, 0)^{\mathrm{T}} & (-1, 0, -1)^{\mathrm{T}} \\
(0, 0, 0)^{\mathrm{T}} & (-1, -1, 0)^{\mathrm{T}} & (0, 1, 0)^{\mathrm{T}} & (0, -1, -1)^{\mathrm{T}} \\
(0, 0, 0)^{\mathrm{T}} & (-1, 0, -1)^{\mathrm{T}} & (0, -1, -1)^{\mathrm{T}} & (0, 0, 1)^{\mathrm{T}}
\end{bmatrix}
$$

$$(2.8)$$

与式(2.5)类似,式(2.8)中对角线元素描述的是球节点的信息,在这里表达的是对应球节点在坐标系 A_{xyz} 中的位置信息。上下三角元素则描述了对应桁架杆是如何装配在元素所在行对应的球节点上的。例如,杆 2 的信息为第一行第三列的 $(0, -1, 0)^{\mathrm{T}}$ 及第三行第一列的 $(0, 0, 0)^{\mathrm{T}}$,这表明杆 2 沿着方向 $(0, -1, 0)^{\mathrm{T}}$ 装入球点 A $(0, 0, 0)^{\mathrm{T}}$,表示杆 2 与球点 C 始终是固连的。

对于一般的可扩展桁架结构装配模式,可以表达为式(2.9)的形式(通用表达式)。对角线元素描述球点从坐标原点到装配位置之间的位姿变换,上下三角则描述了杆件装配到所在行的球点上所需要发生的位姿变换。一般的位姿变换具有六维信息,因此通常矩阵 T 中的元素均为六维列向量。对于特殊情况,如图 2.15 中,球点位姿仅产生平移运动,杆件装配模式也均为平移运动,所有信息的独立参数不超过三维,可以将矩阵描述简化为式(2.9)的形式。

$$T = \begin{bmatrix} {}^ts_1 & {}^te_{1,2} & {}^te_{1,3} & \cdots & {}^te_{1,v} \\ {}^te_{2,1} & {}^ts_2 & {}^te_{2,3} & \cdots & {}^te_{2,v} \\ {}^te_{3,1} & {}^te_{3,2} & {}^ts_3 & \ddots & \vdots \\ \vdots & \vdots & \ddots & \ddots & {}^te_{v-1,v} \\ {}^te_{v,1} & {}^te_{v,2} & \cdots & {}^te_{v,v-1} & {}^ts_v \end{bmatrix} \tag{2.9}$$

同理，可以得到一个立方体桁架单元的装配模式矩阵，见式（2.10），同样采用三维简化表示。区别于图2.8，立方体桁架单元的装配模式如图2.16所示。

$$T_{cube} = \begin{bmatrix} (0,0,0)^T & (0,0,0)^T & & (0,0,0)^T & (0,1,0)^T & & & \\ (0,0,0)^T & (0,1,0)^T & (0,0,0)^T & (0,0,0)^T & (0,0,1)^T & (0,-1,0)^T & (0,-1,0)^T & \\ & (0,0,0)^T & (0,1,1)^T & (0,0,0)^T & & & (0,-1,1)^T & \\ (0,0,0)^T & (0,0,0)^T & (0,0,0)^T & (0,0,1)^T & (0,1,0)^T & & (0,0,1)^T & (0,0,1)^T \\ (0,1,0)^T & (0,0,1)^T & & (0,1,0)^T & (1,0,0)^T & (0,0,0)^T & (0,0,0)^T & (0,0,0)^T \\ & (0,-1,0)^T & & & (0,0,0)^T & (1,1,0)^T & (0,0,0)^T & \\ & (0,-1,0)^T & (0,-1,1)^T & (0,0,1)^T & (0,0,0)^T & (0,0,0)^T & (1,1,1)^T & (0,0,0)^T \\ & & (0,0,1)^T & & (0,0,0)^T & (0,0,0)^T & (0,0,0)^T & (1,0,1)^T \end{bmatrix}$$

$$\tag{2.10}$$

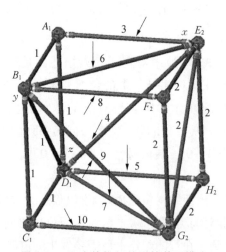

图2.16　立方体桁架单元的装配模式

3. 可扩展桁架结构的装配过程描述

将式（2.7）与式（2.9）联立，可以得到一个可扩展桁架结构装配过程中所需要的全部信息,可指导机器人装配。联立后的描述如式(2.11)所示,对角线元素描述了球节点的装配次序及位姿信息,上下三角元素描述了桁架杆的装配次序及其两端接头分别对应的装配模式。式(2.11)与式(2.7)、式(2.9)之间的关系见式(2.12)。

$$P = \begin{bmatrix} {}^{\mathrm{p}}s_1 & {}^{\mathrm{p}}e_{1,2} & {}^{\mathrm{p}}e_{1,3} & \cdots & & {}^{\mathrm{p}}e_{1,v} \\ {}^{\mathrm{p}}e_{2,1} & {}^{\mathrm{p}}s_2 & {}^{\mathrm{p}}e_{2,3} & \cdots & & {}^{\mathrm{p}}e_{2,v} \\ {}^{\mathrm{p}}e_{3,1} & {}^{\mathrm{p}}e_{3,2} & {}^{\mathrm{p}}s_3 & \ddots & & \vdots \\ \vdots & \vdots & \ddots & \ddots & & {}^{\mathrm{p}}e_{v-1,v} \\ {}^{\mathrm{p}}e_{v,1} & {}^{\mathrm{p}}e_{v,2} & \cdots & & {}^{\mathrm{p}}e_{v,v-1} & {}^{\mathrm{p}}s_v \end{bmatrix} \tag{2.11}$$

$$\begin{cases} {}^{\mathrm{p}}s_i = \begin{pmatrix} o_i & {}^{\mathrm{t}}s_i \end{pmatrix}^{\mathrm{T}} \\ {}^{\mathrm{p}}e_{i,j} = \begin{pmatrix} o_{i,j} & {}^{\mathrm{t}}e_{i,j} \end{pmatrix}^{\mathrm{T}} \\ P = \begin{pmatrix} O & T \end{pmatrix}^{\mathrm{T}} \end{cases} \tag{2.12}$$

基于此描述,图 2.15 所示四面体桁架结构的装配过程可表示为式(2.13):

$$P_{\text{tetra}} = \begin{bmatrix} (1,0,0,0)^{\mathrm{T}} & (1,0,0,0)^{\mathrm{T}} & (2,0,-1,0)^{\mathrm{T}} & (4,0,0,-1)^{\mathrm{T}} \\ (1,0,0,0)^{\mathrm{T}} & (1,1,0,0)^{\mathrm{T}} & (3,-1,-1,0)^{\mathrm{T}} & (5,-1,0,-1)^{\mathrm{T}} \\ (2,0,0,0)^{\mathrm{T}} & (3,-1,-1,0)^{\mathrm{T}} & (2,0,1,0)^{\mathrm{T}} & (6,0,-1,-1)^{\mathrm{T}} \\ (4,0,0,0)^{\mathrm{T}} & (5,-1,0,-1)^{\mathrm{T}} & (6,0,-1,-1)^{\mathrm{T}} & (4,0,0,1)^{\mathrm{T}} \end{bmatrix} \tag{2.13}$$

图 2.16 中立方体单元的装配过程可表示为式(2.14):

$$P_{\text{cube}} = \begin{bmatrix} (1,0,0,0)^{\mathrm{T}} & (1,0,0,0)^{\mathrm{T}} & & (1,0,0,0)^{\mathrm{T}} & (3,0,1,0)^{\mathrm{T}} & & & \\ (1,0,0,0)^{\mathrm{T}} & (1,0,1,0)^{\mathrm{T}} & (1,0,0,0)^{\mathrm{T}} & (1,0,0,0)^{\mathrm{T}} & (6,0,0,1)^{\mathrm{T}} & (8,0,-1,0)^{\mathrm{T}} & (9,0,-1,0)^{\mathrm{T}} \\ & (1,0,0,0)^{\mathrm{T}} & (1,0,1,1)^{\mathrm{T}} & (1,0,0,0)^{\mathrm{T}} & & & (10,0,-1,1)^{\mathrm{T}} \\ (1,0,0,0)^{\mathrm{T}} & (1,0,0,0)^{\mathrm{T}} & (1,0,0,0)^{\mathrm{T}} & (1,0,0,1)^{\mathrm{T}} & (4,0,1,0)^{\mathrm{T}} & (7,0,0,1)^{\mathrm{T}} & (5,0,0,1)^{\mathrm{T}} \\ (3,0,1,0)^{\mathrm{T}} & (6,0,0,1)^{\mathrm{T}} & (4,0,1,0)^{\mathrm{T}} & (2,1,0,0)^{\mathrm{T}} & (2,0,0,0)^{\mathrm{T}} & (2,0,0,0)^{\mathrm{T}} & (2,0,0,0)^{\mathrm{T}} \\ (8,0,-1,0)^{\mathrm{T}} & & (2,0,0,0)^{\mathrm{T}} & (2,1,1,0)^{\mathrm{T}} & (2,0,0,0)^{\mathrm{T}} & & \\ (9,0,-1,0)^{\mathrm{T}} & (10,0,-1,1)^{\mathrm{T}} & (7,0,0,1)^{\mathrm{T}} & (2,0,0,0)^{\mathrm{T}} & (2,0,0,0)^{\mathrm{T}} & (2,1,1,1)^{\mathrm{T}} & (2,0,0,0)^{\mathrm{T}} \\ & (5,0,0,1)^{\mathrm{T}} & & (2,0,0,0)^{\mathrm{T}} & (2,0,0,0)^{\mathrm{T}} & (2,1,0,1)^{\mathrm{T}} \end{bmatrix} \tag{2.14}$$

4. 可扩展桁架结构的装配信息复原

对于式(2.13),其步骤 1 对应 4 个元素,球点 A 和 B 及其中的杆件、杆件两

端接头的装配模式均为 $(0, 0, 0)^T$,表明该杆件与两球点固连,因此第 1 个装配构件对应式(2.15):

$$S_{\text{tetra}-1} = \begin{bmatrix} (0, 0, 0)^T & (0, 0, 0)^T & (0, -1, 0)^T & (0, 0, -1)^T \\ (0, 0, 0)^T & (1, 0, 0)^T & (-1, -1, 0)^T & (-1, 0, -1)^T \\ & & (0, 1, 0)^T & \\ & & & (0, 0, 1)^T \end{bmatrix}$$

(2.15)

式(2.15)中,除了第 1 个装配构件中的球点 A、B 及桁架杆 1 的信息之外,还包含与第 1 个构件相关联的 2 个球点和 4 个接头信息,这表明第 1 个构件上尚有 4 个未装配接头,对应将 4 根桁架杆装配在第 1 个构件上,而这 4 根桁架杆的另一端所对应的球点是球点 C 及球点 D,分别在 $(0, 1, 0)^T$、$(0, 0, 1)^T$ 的位置。

第 2 个装配构件对应式(2.16):

$$S_{\text{tetra}-2} = \begin{bmatrix} (0, 0, 0)^T & & (0, -1, 0)^T & \\ & (1, 0, 0)^T & & \\ (0, 0, 0)^T & (-1, -1, 0)^T & (0, 1, 0)^T & (0, -1, -1)^T \\ & & & (0, 0, 1)^T \end{bmatrix}$$

(2.16)

式(2.16)中,第 3 行信息完整保留,表明该构件包含球点 C,此外球点 A、C 之间的桁架杆 2 的信息也完整保留,表明该构件包含 A、C 之间的桁架杆。其余球点、桁架杆的信息均不完整,说明第 2 个装配构件由球点 C 及 A、C 之间的桁架杆 2 构成。桁架杆 2 与球点 C 之间的装配信息为 $(0, 0, 0)^T$,表示两个零件固连;桁架杆 2 与球点 A 之间的装配信息为 $(0, -1, 0)^T$,表明桁架杆 2 应沿着 y 轴负向装入球点 A,这与第 1 个装配构件中的信息是一致的。式(2.16)中的矩阵元素表明,球点 C 与球点 B 之间需要装配一根桁架杆 3,装配信息为 $(-1, -1, 0)^T$,表明桁架杆 3 需要沿着 xy 轴负半轴角平分线方向装入球点 C;球点 C 与球点 D 之间需要装配一根桁架杆 6,装配信息为 $(0, -1, -1)^T$,表明桁架杆 6 需要沿着 yz 轴负半轴角平分线方向装入球点 C。

第 3 个装配构件对应式(2.17):

$$S_{\text{tetra}-3} = \begin{bmatrix} (1, 0, 0)^T & (-1, -1, 0)^T \\ (-1, -1, 0)^T & (0, 1, 0)^T \end{bmatrix} \qquad (2.17)$$

式(2.17)中,球点 B、C 的信息均不完整,而桁架杆 3 的信息完整,说明第 3 个装配构件仅有桁架杆 3 本身。而桁架杆 3 装入球点 B、C 上的装配操作均为 $(-1, -1, 0)^T$,表明桁架杆 3 需要沿着 xy 轴负半轴角平分线方向装入球点 B、C,这与前两个构件中的信息是一致的。

第 4 个装配构件对应式(2.18):

$$S_{\text{tetra}-4} = \begin{bmatrix} (0, 0, 0)^T & & & (0, 0, -1)^T \\ & (1, 0, 0)^T & & \\ & & (0, 1, 0)^T & \\ (0, 0, 0)^T & (-1, 0, -1)^T & (0, -1, -1)^T & (0, 0, 1)^T \end{bmatrix}$$

(2.18)

与第 2 个构件类似,通过分析可知,第 4 个构件包含球点 D 及桁架杆 4,桁架杆 4 与球点 D 固连;第 2 个构件通过桁架杆 4 上的接头与第 1 个构件装配,装配模式为沿着 z 轴负向轴向平移装配。装配后,球点 D 上还有 2 个未装配接头,分别指向球点 B、C,需要桁架杆 5、桁架杆 6 分别沿着 $(-1, 0, -1)^T$、$(0, -1, -1)^T$ 方向装入指定位置。

第 5 个装配构件对应式(2.19):

$$S_{\text{tetra}-5} = \begin{bmatrix} (1, 0, 0)^T & (-1, 0, -1)^T \\ (-1, 0, -1)^T & (0, 0, 1)^T \end{bmatrix}$$

(2.19)

与第 3 个构件类似,第 5 个构件为桁架杆 5,沿着 $(-1, 0, -1)^T$ 方向装入球点 B、D 之间。

第 6 个装配构件对应式(2.20):

$$S_{\text{tetra}-6} = \begin{bmatrix} (0, 1, 0)^T & (0, -1, -1)^T \\ (0, -1, -1)^T & (0, 0, 1)^T \end{bmatrix}$$

(2.20)

同样类似第 3 个构件,第 6 个构件为桁架杆 6,沿着 $(0, -1, -1)^T$ 方向装入球点 C、D 之间。

通过上述信息复原过程可以看出,对于每一个构件,矩阵中包含着完成该构件装配的全部信息,包括该构件需要通过何种装配模式装配到指定位置、后续构件将以何种装配模式装配到该构件上。

同样地,对于式(2.14),也可以恢复出全部装配构件,分别见式(2.21)~式

（2.30）。式（2.21）中，由左上部分可以看到，第 1 个构件为一个具有 4 个球点、5 根桁架杆的框架构件，5 根桁架杆装在 4 个球点之间，其中除了球点 A、C 之间外，其他球点两两之间均存在 1 根桁架杆。而桁架杆 3~8 均与第 1 个构件存在着装配关系，这些桁架杆装配到第 1 个构件上的装配模式可由式（2.21）右上部分的信息所描述，桁架杆会装到第 1 个构件的 4 个球点 A、B、C、D 与球点 E、F、G、H 之间。式（2.22）中，类似地，从右下部分可以看到，第 2 个构件为一个具有 4 个球点、5 根桁架杆的框架构件，5 根桁架杆装在 4 个球点之间，其中除了球点 F、H 之间外，其他球点两两之间均存在 1 根桁架杆。而桁架杆 3~8 均与第 2 个构件存在着装配关系，这些桁架杆装配到第 2 个构件上的装配模式可由式（2.22）左下部分的信息所描述，桁架杆会装到第 2 个构件的 4 个球点 E、F、G、H 与球点 A、B、C、D 之间。如果与第 1 个构件的描述进行对比，可以发现对应桁架杆装到前两个构件上的装配模式是一致的，这一信息同样可从第 3~10 个构件的自身描述中发现。对于第 3~10 个构件，可以看出每个构件都是 1 个桁架杆，这些桁架杆分别装在两个球点之间，且每一个桁架杆两端接头的装配模式是一致的，均为径向的平移装配操作。

$$
S_{\text{cube-1}} =
\begin{bmatrix}
(0,0,0)^{\mathrm{T}} & (0,0,0)^{\mathrm{T}} & & & (0,0,0)^{\mathrm{T}} & (0,1,0)^{\mathrm{T}} & \\
(0,0,0)^{\mathrm{T}} & (0,1,0)^{\mathrm{T}} & (0,0,0)^{\mathrm{T}} & (0,0,0)^{\mathrm{T}} & (0,0,1)^{\mathrm{T}} & (0,-1,0)^{\mathrm{T}} & (0,-1,0)^{\mathrm{T}} \\
& (0,0,0)^{\mathrm{T}} & (0,1,1)^{\mathrm{T}} & (0,0,0)^{\mathrm{T}} & & & (0,-1,1)^{\mathrm{T}} \\
(0,0,0)^{\mathrm{T}} & (0,0,0)^{\mathrm{T}} & (0,0,0)^{\mathrm{T}} & (0,0,1)^{\mathrm{T}} & (0,1,0)^{\mathrm{T}} & & (0,0,1)^{\mathrm{T}} & (0,0,1)^{\mathrm{T}} \\
& & & & (1,0,0)^{\mathrm{T}} & & & \\
& & & & & (1,1,0)^{\mathrm{T}} & & \\
& & & & & & (1,1,1)^{\mathrm{T}} & \\
& & & & & & & (1,0,1)^{\mathrm{T}}
\end{bmatrix}
$$

（2.21）

$$
S_{\text{cube-2}} =
\begin{bmatrix}
(0,0,0)^{\mathrm{T}} & & & & & & & & \\
& (0,1,0)^{\mathrm{T}} & & & & & & & \\
& & (0,1,1)^{\mathrm{T}} & & & & & & \\
& & & (0,0,1)^{\mathrm{T}} & & & & & \\
(0,1,0)^{\mathrm{T}} & (0,0,1)^{\mathrm{T}} & & (0,1,0)^{\mathrm{T}} & (1,0,0)^{\mathrm{T}} & (0,0,0)^{\mathrm{T}} & (0,0,0)^{\mathrm{T}} & (0,0,0)^{\mathrm{T}} \\
& (0,-1,0)^{\mathrm{T}} & & & (0,0,0)^{\mathrm{T}} & (1,1,0)^{\mathrm{T}} & (0,0,0)^{\mathrm{T}} & \\
& (0,-1,0)^{\mathrm{T}} & (0,-1,1)^{\mathrm{T}} & (0,0,1)^{\mathrm{T}} & (0,0,0)^{\mathrm{T}} & (0,0,0)^{\mathrm{T}} & (1,1,1)^{\mathrm{T}} & (0,0,0)^{\mathrm{T}} \\
& & & (0,0,1)^{\mathrm{T}} & (0,0,0)^{\mathrm{T}} & & (0,0,0)^{\mathrm{T}} & (1,0,1)^{\mathrm{T}}
\end{bmatrix}
$$

（2.22）

$$S_{\text{cube}-3} = \begin{bmatrix} (0,0,0)^{\text{T}} & (0,1,0)^{\text{T}} \\ \\ (0,1,0)^{\text{T}} & (1,0,0)^{\text{T}} \end{bmatrix} \tag{2.23}$$

$$S_{\text{cube}-4} = \begin{bmatrix} (0,0,1)^{\text{T}} & (0,1,0)^{\text{T}} \\ (0,1,0)^{\text{T}} & (1,0,0)^{\text{T}} \end{bmatrix} \tag{2.24}$$

$$S_{\text{cube}-5} = \begin{bmatrix} (0,0,1)^{\text{T}} & (0,0,1)^{\text{T}} \\ \\ (0,0,1)^{\text{T}} & (1,0,1)^{\text{T}} \end{bmatrix} \tag{2.25}$$

$$S_{\text{cube}-6} = \begin{bmatrix} (0,1,0)^{\text{T}} & (0,0,1)^{\text{T}} \\ \\ (0,0,1)^{\text{T}} & (1,0,0)^{\text{T}} \end{bmatrix} \tag{2.26}$$

$$S_{\text{cube-7}} = \begin{bmatrix} (0,\ 0,\ 1)^{\text{T}} & (0,\ 0,\ 1)^{\text{T}} \\ \\ (0,\ 0,\ 1)^{\text{T}} & (1,\ 1,\ 1)^{\text{T}} \end{bmatrix} \qquad (2.27)$$

$$S_{\text{cube-8}} = \begin{bmatrix} (0,\ 1,\ 0)^{\text{T}} & (0,\ -1,\ 0)^{\text{T}} \\ \\ (0,\ -1,\ 0)^{\text{T}} & (1,\ 1,\ 0)^{\text{T}} \end{bmatrix} \qquad (2.28)$$

$$S_{\text{cube-9}} = \begin{bmatrix} (0,\ 1,\ 0)^{\text{T}} & (0,\ -1,\ 0)^{\text{T}} \\ \\ (0,\ -1,\ 0)^{\text{T}} & (1,\ 1,\ 1)^{\text{T}} \end{bmatrix} \qquad (2.29)$$

$$S_{\text{cube-10}} = \begin{bmatrix} (0,\ 1,\ 1)^{\text{T}} & (0,\ -1,\ 1)^{\text{T}} \\ \\ (0,\ -1,\ 1)^{\text{T}} & (1,\ 1,\ 1)^{\text{T}} \end{bmatrix} \qquad (2.30)$$

　　事实上,对于 5 个立方体串联而成的直立桁架结构,上述第 1 个立方体的构件描述信息并不完整。第 2 个构件同时也是第 2 个立方体的装配元素,其描述中缺失了第 2 个立方体装配过程中所需要的信息。考虑 5 个立方体装配的完整矩阵描述规模为 24×24×3,所占篇幅巨大,但可以简化描述为式(2.31)的形式:

$$P_{5m} = \begin{bmatrix} P_{\text{frame-1}} & P_{\text{8member-1,2}} & & & & \\ P_{\text{8member-1,2}}^{\text{T}} & P_{\text{frame-2}} & P_{\text{8member-2,3}} & & & \\ & P_{\text{8member-2,3}}^{\text{T}} & P_{\text{frame-3}} & P_{\text{8member-3,4}} & & \\ & & P_{\text{8member-3,4}}^{\text{T}} & P_{\text{frame-4}} & P_{\text{8member-4,5}} & \\ & & & P_{\text{8member-4,5}}^{\text{T}} & P_{\text{frame-5}} & P_{\text{8member-5,6}} \\ & & & & P_{\text{8member-5,6}}^{\text{T}} & P_{\text{frame-6}} \end{bmatrix}$$

$$(2.31)$$

　　式(2.31)中,每一个子矩阵为 4×4×4 的装配过程矩阵,对角线上的 6 个子矩阵描述的是 6 个方形边框信息,而 10 个上下三角子矩阵描述的是相邻两个方形边框之间装配的 8 根桁架杆的装配过程信息。

　　从这个矩阵中恢复出来的第 2 个构件的信息与式(2.22)不同,对于 5 m 地面样机(5 个边长各为 1 m 的立方体串联而成的桁架结构),第 2 个构件的构件信息见式(2.32),即第 2 个构件与 8 个球点发生关联,这 8 个球点事实上就是第 1 个和第 3 个方形边框上的球点。

$$P_{5m-2\#} = \begin{bmatrix} (0,0,0)^{\text{T}} & & & & & & & & & & \\ & (0,1,0)^{\text{T}} & & & & & & & & & \\ & & (0,1,1)^{\text{T}} & & & & & & & & \\ & & & (0,0,1)^{\text{T}} & & & & & & & \\ (0,1,0)^{\text{T}} & (0,0,1)^{\text{T}} & & (0,1,0)^{\text{T}} & (1,0,0)^{\text{T}} & (0,0,0)^{\text{T}} & (0,0,0)^{\text{T}} & (0,0,0)^{\text{T}} & (0,1,0)^{\text{T}} & (0,0,1)^{\text{T}} & (0,1,0)^{\text{T}} \\ & (0,-1,0)^{\text{T}} & & & (0,0,0)^{\text{T}} & (1,1,0)^{\text{T}} & (0,0,0)^{\text{T}} & & (0,-1,0)^{\text{T}} & & \\ & (0,-1,0)^{\text{T}} & (0,-1,1)^{\text{T}} & (0,0,1)^{\text{T}} & (0,0,0)^{\text{T}} & (0,0,0)^{\text{T}} & (1,1,1)^{\text{T}} & (0,0,0)^{\text{T}} & (0,-1,0)^{\text{T}} & (0,-1,1)^{\text{T}} & (0,0,1)^{\text{T}} \\ & & & (0,0,1)^{\text{T}} & (0,0,0)^{\text{T}} & & (0,0,0)^{\text{T}} & (1,0,1)^{\text{T}} & & & (0,0,1)^{\text{T}} \\ & & & & & & & (2,0,0)^{\text{T}} & & & \\ & & & & & & & & (2,1,0)^{\text{T}} & & \\ & & & & & & & & & (2,1,1)^{\text{T}} & \\ & & & & & & & & & & (2,0,1)^{\text{T}} \end{bmatrix}$$

$$(2.32)$$

2.2   可扩展桁架结构系统

依据上述可扩展桁架结构的构建方法,可完成基于一维拓展的直立桁架结构、基于二维拓展的矩形桁架结构、基于三维拓展的舱段过渡连接桁架结构的样机设计,具体如下。

(1) 直立桁架结构主要用于太阳翼、天线等支撑框架,实物样机为 5 m(长)× 1 m(宽)×1 m(高)、数字样机为 100 m(长)×1 m(宽)×1 m(高),考虑实物样机和数字样机单侧负载、双侧负载工况。

(2) 矩形桁架结构主要用于舱外暴露平台的框架,如国际空间站的快速物流载体(express logistics carrier, ELC)、日本实验舱暴露设施(Japanese experiment module-exposed facility, JEM - EF)平台,采用数字样机 6 m(长)×4 m(宽)×1 m (高),考虑大平面均匀负载工况。

(3) 舱段过渡连接桁架结构主要用于连接 2 个不同直径舱段的框架,圆柱体采用数字样机 ϕ4 m(上平台)×ϕ4 m(下平台)×2 m(高度)、圆锥台采用数字样机 ϕ2 m(上平台)×ϕ4 m(下平台)×2 m(高度),考虑端面均匀负载工况。

2.2.1   直立桁架结构

考虑到构件的通用性,将直立桁架结构的单元设计为 1 m(长)×1 m(宽)× 1 m(高)的立方体(图 2.17),同时适应 100 m 直立桁架数字样机及米级地面实物样机的需求。

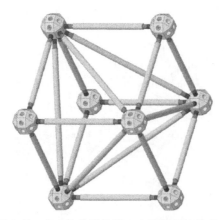

图 2.17   直立桁架结构的立方体桁架结构单元

依据样机设计,直立桁架中所涉及的主要构件(组)质量见表 2.1。

表 2.1　直立桁架的主要构件(组)质量

构件(组)	球点	接头系统	短边杆	长对角杆
质量/kg	0.56	0.38	0.22	0.34

1. 5 m 直立桁架结构样机

5 m 直立桁架结构样机如图 2.18 所示,由 5 个立方体桁架单元一维扩展形成。

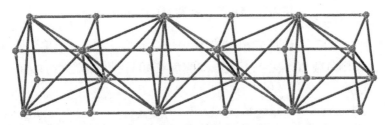

图 2.18　5 m 直立桁架结构样机

地面装配试验中,需采用推送机构实现 5 m 桁架结构的装配序列(图 2.19),其中正方形边框是事先在推送机构上固定好的,每个立方体单元中间的 4 个边杆和 4 根对角杆由人机协作完成装配。

(a) 人工固定两个正方形边框

(b) 人-机协作完成一个立方体单元

(c) 人工固定一个正方形边框

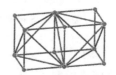

(d) 人-机协作完成第2个立方体单元

(e) 人工固定一个正方形边框

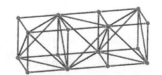

(f) 人-机协作完成第3个立方体单元

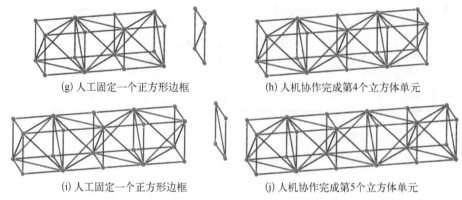

(g) 人工固定一个正方形边框　　　　　(h) 人机协作完成第4个立方体单元

(i) 人工固定一个正方形边框　　　　　(j) 人机协作完成第5个立方体单元

图 2.19　5 m 直立桁架结构的装配序列

依据前述要求,5 m 直立桁架结构模态仿真分析 4 种工况:单边固支空载、单边固支,单侧负载 20 kg、单边固支,双侧负载 40 kg(合计)、无约束自由空载的工况(图 2.20)。

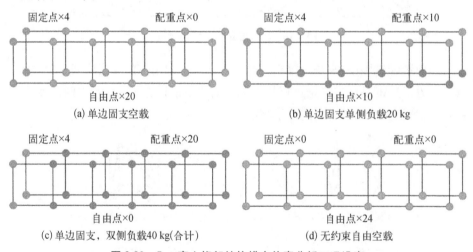

(a) 单边固支空载　　　　　　　(b) 单边固支单侧负载20 kg

(c) 单边固支,双侧负载40 kg(合计)　　　　(d) 无约束自由空载

图 2.20　5 m 直立桁架结构模态仿真分析工况设定

在计算机辅助工程(computer aided engineering,CAE)软件中设置好样机的基本参数,代入关节刚度模型,分别计算上述 4 种工况,得到模态分析结果如图 2.21 所示。

依据轴向装配接头设计,样机还可以实现两个直立桁架结构的对接装配(图 2.22)。

2. 100 m 直立桁架结构样机

100 m 直立桁架结构由图 2.17 中的立方体结构单元沿着单一方向拓展而成,见图 2.23。

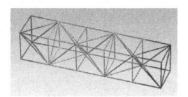

(a) 单边固支空载，基频10.7 Hz

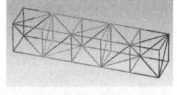

(b) 单边固支，单侧负载20 kg，基频9.6 Hz

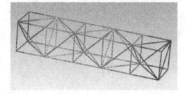

(c) 单边固支，双侧负载40 kg(合计)，基频8.7 Hz

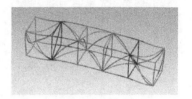

(d) 无约束自由空载，基频46.2 Hz

图 2.21　5 m 直立桁架结构的模态分析结果

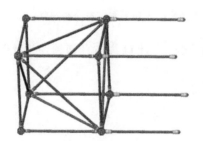
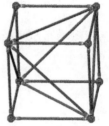

图 2.22　两个直立桁架结构的对接装配

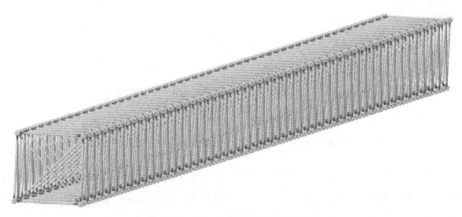

图 2.23　100 m 直立桁架结构样机

该样机具有 404 个球点、2 610 套接头系统、804 根短边杆和 501 根长对角杆。引用表 2.1 中的质量数据,将数字模型放在 CAE 软件中进行模态分析,当边界条件设置为单边固支时,其基频约为 0.04 Hz,如图 2.24 所示。

图 2.24　100 m 直立桁架单边固支模态分析结果

单边固支,双侧均布 800 kg 负载(合计)后,仿真基频约为 0.03 Hz,模态分析结果见图 2.25。

图 2.25　100 m 直立桁架单边固支,双侧均布 800 kg 负载的模态分析结果

选择 100 m 直立桁架结构的对称中性面固支作为边界约束(单边长度为50 m),空载工况基频约为 0.16 Hz,双侧均布 800 kg 负载工况的基频约为0.13 Hz(图 2.26)。

(a) 中性面固支，空载工况

(b) 中性面固支，双侧均布800 kg负载工况

图 2.26　100 m 直立桁架结构中性面固支的模态分析结果

2.2.2　矩形桁架结构

矩形桁架结构用于暴露平台的支撑框架,根据图 2.17 中的立方体结构单元沿着正交双向进行拓展,所需桁架结构数字样机如图 2.27 所示。

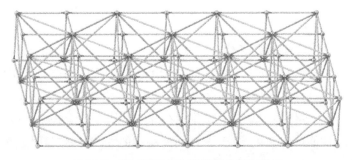

图 2.27　矩形桁架结构暴露平台数字样机

　　该数字样机具有 70 个球点、514 套接头系统、151 根短边杆和 106 根长对角杆,引用表 2.1 中的质量数据,将数字模型放在 CAE 软件中进行模态分析,选择图 2.27 左侧的小端面固支,其结果如图 2.28 所示。经计算,该矩形桁架结构暴露平台的空载基频约为 9.5 Hz,大平面均匀负载 2 000 kg 时的基频约为 3.3 Hz。

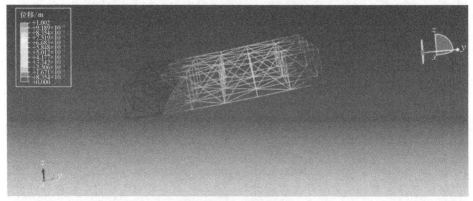

(a) 小端面固支,空载工况

(b) 小端面固支,大平面均匀负载工况

图 2.28　矩形暴露平台桁架结构模态分析结果

2.2.3　过渡连接桁架结构

　　特殊舱段连接桁架的结构单元无法再沿用图 2.17 中的立方体结构单元,需另行设计。根据前面章节叙述的设计方法,可以构建如图 2.29 所示的特殊舱段连接桁架结构。零件构型改变主要体现在球点结构变化及杆件长度变化,导致零件的质量、性能产生变化,图 2.29 中两种构型的零/构件数量及质量分布分别见表 2.2 和表 2.3。

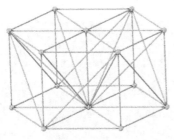

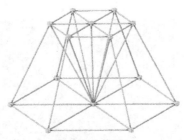

(a) 圆柱台构型　　　　　　　　　　　　(b) 圆锥台构型

图 2.29　特殊舱段连接桁架结构的数字样机

表 2.2　圆柱体构型的特殊舱段连接桁架的零/构件数量及质量分布

零/构件	数　量	单件质量/kg	总质量/kg
柱体球点	14	0.55	7.7
接头系统	86	0.38	32.68
2 m 中心距边杆	31	0.50	15.5
$2\sqrt{2}$ m 中心距对角杆	12	0.61	7.32
合　计			63.2

表 2.3　圆锥台构型的特殊舱段连接桁架的零/构件数量及质量分布

零/构件	数　量	单件质量/kg	总质量/kg
锥台球点	14	0.60	8.4
接头系统	74	0.38	28.12
2 m 中心距边杆	13	0.50	0.65
1 m 中心距边杆	12	0.22	2.64
$\sqrt{5}$ m 中心距斜杆	12	0.56	6.72
合　计			46.53

　　将数字模型放在 CAE 软件中进行模态分析,选择图 2.29 中两个构型的上侧小端面固支,其结果如图 2.30 和图 2.31 所示。经计算,圆柱体特殊舱段连接桁架的空载基频约为 18.7 Hz、下侧端面均匀负载 4 000 kg 后的基频约为 6.1 Hz;圆锥台特殊舱段连接桁架的空载基频约为 21.4 Hz、下侧端面均匀负载 4 000 kg 后的基频约为 3.8 Hz。

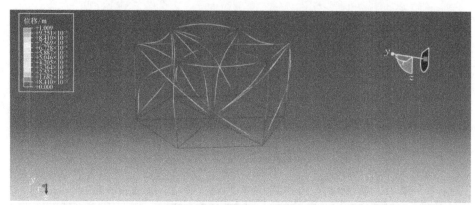

(a) 上侧小端面固支，空载工况

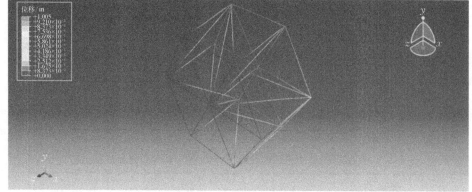

(b) 上侧小端面固支，下侧端面均匀负载工况

图 2.30　圆柱体特殊舱段连接桁架模态分析结果

(a) 上侧小端面固支，空载工况

(b) 上侧小端面固支，下侧大端面均匀负载工况

图 2.31　圆锥台特殊舱段连接桁架模态分析结果

2.3　小结

　　本章针对空间站可扩展桁架结构的应用背景，提出了可扩展桁架平台的系统设计方案，基于快速插拔接头设计理论，创新性提出了在空间站可扩展桁架结构装配模式中采用轴向、径向两种快速插拔接头的方案。

　　采用桁架结构装配过程的状态矩阵和邻接矩阵表达，实现了基于四面体桁架结构、立方体桁架结构等的装配序列描述、装配模式描述和装配过程描述，并针对桁架结构单元的装配连接关系进行了装配信息复原描述。

　　基于可扩展桁架结构的构建方法，生成了 5 m 直立桁架、100 m 直立桁架、矩形桁架暴露平台、圆柱体特殊舱段连接桁架、圆锥台特殊舱段连接桁架等数字样机，完成了各类型桁架结构数字样机的模态仿真分析，获得了空载、半载、满载等工况下的桁架结构基频特性，为后续桁架结构标准模块单元的详细设计提供了参考依据。

第 3 章

高刚度标准模块单元结构设计

针对空间可拓展桁架结构平台,研究并设计可实现人机协作快速装配的桁架构件,提出基于径向和轴向快速装拆的接头构型,完成高刚度、标准化的桁架模块单元设计和机电接口设计,以满足空间桁架结构快速装配需求。

3.1 可扩展桁架标准模块单元参数确定

可拓展桁架标准模块单元分为径向装配和轴向装配两种形式,其中径向装配可用于一般装配场合。由于球点预装固定后,轴向装配杆件难以实现两端同时装入,径向装配还可用于实现单件装配、结构补强的需求。而轴向装配主要用于模块化单元之间的连接,或结构基础与拓展结构之间的连接。每组接头分为公、母两种,为了完成一致化结构设计,使桁架装配流程更加有序,本节中的杆件接头统一采用公接头,球节点接头统一采用母接头。

根据空间工作环境需求,对球节点外径和杆件外径进行限制,避免航天员抓握困难,影响装配任务。桁架连接形式以立方体单元为主,据此要求对球节点、杆件、公接头、母接头四类零件的具体尺寸进行设计。

立方体单元有 8 个顶点,以下讨论结构不干涉的前提下稳定的立方结构形式:立方体的 4 条体对角线交汇于一点[图 3.1(a)],故桁架装配中仅存在 1 条体对角线。1 个立方体具有 12 条面对角线,其中每个面上的两条对角线交汇于 1 点,故桁架装配中仅存在 6 条面对角线,见图 3.1(b)。立方体有 12 条边,互不干涉,故桁架装配中能存在 12 条边。

综上,最稳定的超静定立方体结构单元具有 8 个桁架球节点、19 根桁架杆,结构的自由度为

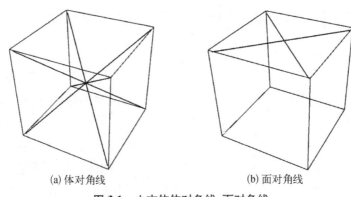

(a) 体对角线　　　　　　　　　(b) 面对角线

图 3.1　立方体体对角线、面对角线

$$W = 3j - c - c_0 \tag{3.1}$$

式中，j 为节点数 8；c 为杆件数（19）；c_0 为支座约束（6）；W 为结构的自由度，可以解得 $W = -1$，表示结构为 1 次超静定。

若对空间用该超静定立方体进行密排，则可以得到一个球节点的平均占有杆件数：

$$\begin{cases} a_p = 2a/4 \\ b_p = 2b/2 \\ c_p = 2c/1 \end{cases} \tag{3.2}$$

式中，a、b、c 分别为边杆、面杆、体杆的数量；右下角标 p 表示密排空间中每 1 个球节点占有的平均有效接头数，每根边杆被 4 个立方体单元公用，每根面杆被 2 个立方体单元公用，每根体杆被唯一 1 个立方体使用；系数 2 代表每根杆具有两个端头，对应两个接头，可以求得

$$\begin{cases} a_p = 6 \\ b_p = 6 \\ c_p = 2 \end{cases} \tag{3.3}$$

因此，每个球节点平均要连接 14 个接头，而每个球节点最多可以连接 6 根边杆、12 根面杆、8 根体杆，共计 26 个接头。节点利用率为

$$\rho = 14/26 \times 100\% \approx 53.8\% \tag{3.4}$$

由前述讨论可知，体杆的实际利用率较低，且结构具有 1 次超静定度，若取消体对角杆，结构依然可以保持稳定，且每个球节点平均要连接 12 个接头，最多

总共可以连接 18 根边杆、面对角杆,共计 18 个接头,节点利用率为

$$\rho' = 12/18 \times 100\% \approx 66.7\% \tag{3.5}$$

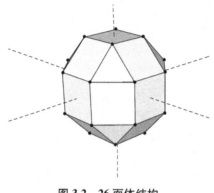

图 3.2　26 面体结构

在保证结构静定的前提下使开孔更少,对球点的强度削弱更小,因此结构应更紧凑。

对于图 3.2 所示的 26 面体,设 R 为外接球半径;26 面体正方形面边长为 a、三角形面边长为 b;三角形 bbb 内接圆半径 $r_3 = b/2\sqrt{3}$,正方形面 $aaaa$ 内接圆半径 $r_4 = a/2$,矩形面内接圆半径 $r_r = b/2$;最小面内接圆半径为 r。

当 26 面体边长 $a = b = L$ 时:

$$R = \frac{\sqrt{2\sqrt{2} + 5}}{2}L \approx 1.4L \tag{3.6}$$

取 $L = 35$ mm, $R \approx 48.963\ 8$ mm,可得

$$r = \frac{L}{2\sqrt{3}} \approx 10.1(\text{mm}) \tag{3.7}$$

此时半径 r 过小,不利于零件加工。而正方形面上的内接圆半径为

$$r_4 = \frac{L}{2} = 17.5(\text{mm}) \tag{3.8}$$

此时比较适合零件加工,适合 18 孔的球节点(无对角杆)情况。

当 26 面体取 $r_3 = r_r = r$ 时, $r = \dfrac{b}{2\sqrt{3}} = \dfrac{a}{2}$,得

$$R = \sqrt{2\sqrt{6} + 9}\ r \approx 3.7r \tag{3.9}$$

取 $r = 13$ mm, $R \approx 48.5$ mm, $a = 26$ mm, $b = 45.0$ mm,适合 26 孔的球节点(有对角杆)情况。

从上述计算结果可以看出,弃用体对角杆会使结构更宽裕,刚度、强度更高,设计难度降低,经济性更好。

3.2　桁架接头系统的综合设计理论

在装拆过程中,接头系统实现构件连接与分离的本质是约束的建立与消失。当构件之间的自由度被完全约束后,接头系统呈现连接状态;而构件之间的自由度完全放开时,接头系统呈现分离状态。与机构学通常研究的对象不同,接头系统具有装配和拆卸两个主要状态,装配状态下的接头系统作为结构存在,结构主要承载方向表现为高刚性。在接头系统构型综合过程中,需要确保在最终装配状态下,接头系统的主要承载方向上不存在自由度,以保证连接的可靠性。

本节将完整构建接头系统的设计体系框架,明确接头系统中包含的概念,并从拓扑层、结构层、动力层三个主要方面逐一展开讨论:对接头系统进行拓扑抽象,形成符号化描述,建立状态以及方案之间的关系;建立结构设计依据,提供结构设计参考。

3.2.1　桁架接头系统的综合设计方法

桁架接头系统在运动过程中存在多种构态,其综合设计过程分为如下 5 个步骤(图 3.3)。

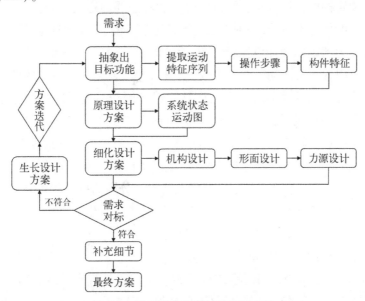

图 3.3　桁架接头系统综合设计方法

步骤 1：根据产品需求抽象出目标功能。目标功能会对运动特征、操作步骤及构件提出设计要求，根据抽象出的运动特征及构件建立起系统状态运动图，形成系统的原理设计方案基础。

步骤 2：从原理设计方案中提取出运动特征序列、状态变换过程中约束特征的变化信息，并据此设计实现对应运动特征的机构或直接设计各运动的接触面，进一步完成各个构件的形面设计。

步骤 3：对比方案与需求的操作步数，引入力源特征以减少系统的操作步数。

步骤 4：对标原始需求，检查是否能满足要求；如不满足，则生长当前原理设计方案，得到新的原理设计方案，并回到步骤 1。

步骤 5：补充其他方案细节，如尺寸、材料、强度等。在提交最终方案之前，还可能经历多次迭代完善方案。

3.2.2 桁架接头系统的拓扑层综合

在接头系统的拓扑层设计过程中，需要根据需求抽象出最低构件数及规定运动，建立系统状态运动图，作为方案设计综合的原理基础。在该方案原理基础上，不断引入锁定构件及锁定运动，使得系统状态运动图生长，即可得到多种接头系统的原理设计方案。

引入锁定构件及锁定运动的目的是限制不想要的运动，锁定运动与被限制运动的运动特征应不等价，否则无法起到锁定的目的，且发生锁定运动的两个有效构件分别为锁定构件、由发生被限制运动的两个构件组合而成的新的有效构件。也可仅引入锁定运动而不引入锁定构件，此时发生锁定运动的两个有效构件应为发生被限制运动的两个有效构件。锁定运动与被限制运动存在顺序关系，锁定运动需要被限制运动充分运动后解锁。

接头系统可分解为如下几个关键元素：构件、运动副、状态、操作、力源。引入一个简化的门闩系统来描述接头系统，区别于机构学中通常的研究对象，接头系统主要有两个稳定操作状态：系统中主要构件分离的拆卸状态和接头系统中主要构件锁死的装配状态。由拆卸状态向装配状态变化的过程为装配过程，反之则为拆卸过程。在装拆过程中，系统呈现出拓扑变化的特点。中间操作状态可能不稳定，会自发向稳定操作状态运动变化。

如图 3.4 所示的简化门闩系统可视为一个三构件接头系统，该接头系统由静止构件左门板、活动构件右门板、锁定构件门闩组成，按照设计的装拆方式对

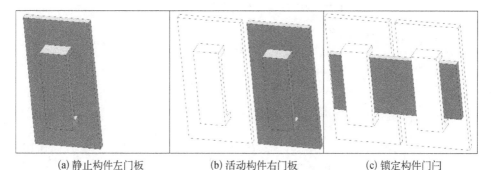

(a) 静止构件左门板　　　　　(b) 活动构件右门板　　　　　(c) 锁定构件门闩

图 3.4　简化门闩系统装配过程

系统操作可以使得左右门板锁定或分离。

　　对系统中的构件及操作状态编号命名,如图 3.5 所示。对于一个接头系统,每一步运动连接了两个操作状态。对于有 $n+1$ 个状态的接头系统,S_0 状态为系统拆卸状态,$S_n(S_3)$ 状态为系统装配状态,这两个状态均为稳定状态,不会自发地向相邻状态运动。系统由 S_0 状态运动到 S_1 状态的过程为构件接触过程,一般每一步运动仅有一个构件被操作或自发运动。

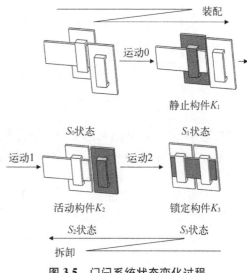

图 3.5　门闩系统状态变化过程

　　对于接头系统的每一个状态,根据孤立构件之间是否存在自由度,可以建立状态的构件邻接矩阵。若两构件之间存在自由度,在矩阵对应位置填 1;若两构件之间完全约束,在矩阵对应位置填 0。构件邻接矩阵为一个对称布尔矩阵 S_i,$i = 1, 2, \cdots, n$。

　　接头系统 S_0 状态具有不稳定性,且构件邻接矩阵 $S_0 = S_1$,可以不考虑。将一系统除 S_0 的全部构件邻接矩阵组合在一起构成的三维矩阵,称为系统的状态邻接矩阵,每一个系统状态邻接矩阵与一个系统原理设计方案唯一对应。将系统状态邻接矩阵记为 $[A]$ 或 $[\mu_{ij}^k]$。一个由 m 个构件、n 个状态(不包含 S_0)构成的系统,状态邻接矩阵为一个 $m \times m \times n$ 的三维矩阵。令

$$\begin{cases} [A]^{[k]} = \begin{bmatrix} \mu_{11}^{k} & \mu_{12}^{k} & L & \mu_{1m}^{k} \\ \mu_{21}^{k} & \mu_{22}^{k} & L & \mu_{2m}^{k} \\ M & M & & M \\ \mu_{m1}^{k} & \mu_{m2}^{k} & L & \mu_{mm}^{k} \end{bmatrix} \quad (k = 1, 2, \cdots, L, n) \\[4em] [A]_{[i]} = \begin{bmatrix} \mu_{1i}^{1} & \mu_{1i}^{2} & L & \mu_{1i}^{n} \\ \mu_{2i}^{1} & \mu_{2i}^{2} & L & \mu_{2i}^{n} \\ M & M & & M \\ \mu_{mi}^{1} & \mu_{mi}^{2} & L & \mu_{mi}^{n} \end{bmatrix} \quad (i = 1, 2, \cdots, L, m) \\[4em] [A]_{[j]} = \begin{bmatrix} \mu_{j1}^{1} & \mu_{j1}^{2} & L & \mu_{j1}^{n} \\ \mu_{j2}^{1} & \mu_{j2}^{2} & L & \mu_{j2}^{n} \\ M & M & & M \\ \mu_{jm}^{1} & \mu_{jm}^{2} & L & \mu_{jm}^{n} \end{bmatrix} \quad (j = 1, 2, \cdots, L, m) \end{cases} \tag{3.10}$$

式中，$[A]^{[k]}$、$[A]_{[i]}$、$[A]_{[j]}$ 分别称为 $[A]$ 的第 k 面、第 i 片、第 j 层。

以图 3.5 为例，4 个状态的构件邻接矩阵分别为

$$S_0 = \begin{bmatrix} 0 & 1 & 0 \\ 1 & 0 & 1 \\ 0 & 1 & 0 \end{bmatrix} \tag{3.11}$$

$$S_1 = \begin{bmatrix} 0 & 1 & 0 \\ 1 & 0 & 1 \\ 0 & 1 & 0 \end{bmatrix} \tag{3.12}$$

$$S_2 = \begin{bmatrix} 0 & 1 & 1 \\ 1 & 0 & 1 \\ 1 & 1 & 0 \end{bmatrix} \tag{3.13}$$

$$S_3 = \begin{bmatrix} 0 & 0 & 1 \\ 0 & 0 & 1 \\ 1 & 1 & 0 \end{bmatrix} \tag{3.14}$$

而系统的状态邻接矩阵为

$$[A] = (S_1, S_2, S_3) \tag{3.15}$$

对于状态邻接矩阵 $[A]_{m \times m}^n$，根据接头系统的性质可以得到，$[A]$ 存在如下关系：

$$[A]^{[k]} = S_k = S_k^{\mathrm{T}} \quad (k = 1, 2, \cdots, L, n) \tag{3.16}$$

根据式(3.10)和式(3.16)可以得到：

$$[A]_{[i]} = [A][i] \quad (i = 1, 2, \cdots, L, m) \tag{3.17}$$

$[A]^{[k]}$ 代表系统状态 S_k，而 $[A]_{[i]}$、$[A][i]$ 代表构件 k_i 在系统各状态下与其他构件的连接关系。

若重新调整 S_k 的行列顺序，将构成同一有效构件的构件置于相邻的行列，所得到的新构件邻接矩阵 S_k' 与 S_k 同构，而根据 S_k' 的机构学含义可以表示为分块矩阵的形式：

$$S_k' = \begin{bmatrix} 0 & 1 & L & L & 1 \\ 1 & 0 & 1 & & M \\ M & 1 & 0 & O & M \\ M & & O & 0 & 1 \\ 1 & L & L & 1 & 0 \end{bmatrix}_{m \times m} \quad (k = 1, 2, \cdots, L, n) \tag{3.18}$$

式中，矩阵中的元素 1 表示全一矩阵；0 表示全零矩阵。

S_k 代表当前系统中，一个有效构件内部的构件之间的完全约束，为固定连接，而分属于两个不同有效构件的构件之间存在自由度。全零矩阵代表一个有效构件的构件邻接矩阵，而全一矩阵则代表了两个有效构件之间的邻接矩阵。

接头系统状态切换带来的结果是约束的释放或引入，或者说是有效构件的重组。因此，可以定义状态邻接矩阵的两种状态运算 Vanish( )/Build( )，分别对应约束的消失和建立，表现在构件邻接矩阵上为

$$\mathrm{Build}(S_k, {}^1P, {}^2P) = S_{k+1} \tag{3.19}$$

$$\mathrm{Vanish}(S_k, {}^1P, {}^2P) = S_{k+1} \tag{3.20}$$

式中，矩阵 S_k、S_{k+1} 为相邻状态的构件邻接矩阵；向量 ${}^1P$、${}^2P$ 为发生约束变化的两个有效构件的坐标向量，若对 S_k、S_{k+1} 作同构变换为 S_k'、S_{k+1}'，相应地，${}^1P$、${}^2P$

坐标重排为 $^1P'$、$^2P'$，使得 $^1P'$、$^2P'$ 坐标为 1，按顺序排列，可以得到

$$\text{Build}(S_k',\ ^1P',\ ^2P') = S_{k+1}' \tag{3.21}$$

$$\text{Vanish}(S_k',\ ^1P',\ ^2P') = S_{k+1}' \tag{3.22}$$

对于式(3.21):

$$S_k' = \begin{bmatrix} 0 & 1 & 1 & L & 1 \\ 1 & 0 & 1 & & M \\ 1 & 1 & 0 & O & M \\ M & & 0 & 0 & 1 \\ 1 & L & L & 1 & 0 \end{bmatrix}_{m \times m} ,\quad S_{k+1}' = \begin{bmatrix} 0 & 0 & 1 & L & 1 \\ 0 & 0 & 1 & & M \\ 1 & 1 & 0 & O & M \\ M & & 0 & 0 & 1 \\ 1 & L & L & 1 & 0 \end{bmatrix}_{m \times m} \tag{3.23}$$

$$(k = 1,\ 2,\ \cdots,\ L,\ n-1)$$

式中,矩阵中的元素 1 表示全一矩阵;0 表示全零矩阵。

对于式(3.22):

$$S_k' = \begin{bmatrix} 0 & 0 & 1 & L & 1 \\ 0 & 0 & 1 & & M \\ 1 & 1 & 0 & O & M \\ M & & 0 & 0 & 1 \\ 1 & L & L & 1 & 0 \end{bmatrix}_{m \times m} ,\quad S_{k+1}' = \begin{bmatrix} 0 & 1 & 1 & L & 1 \\ 1 & 0 & 1 & & M \\ 1 & 1 & 0 & O & M \\ M & & 0 & 0 & 1 \\ 1 & L & L & 1 & 0 \end{bmatrix}_{m \times m} \tag{3.24}$$

$$(k = 1,\ 2,\ \cdots,\ L,\ n-1)$$

式中,矩阵中的元素 1 表示全一矩阵;0 表示全零矩阵。

系统中相邻状态之间运动可能需要进行多次状态运算,对当前系统引入新的状态,可以使系统生长,得到新的系统原理方案。根据是否引入新构件可以,将系统生长分为两类方式,系统生长运算定义为 Proliferate( ),表现在状态邻接矩阵上为

$$\text{Proliferate}(\ [A]\ ,\ ^1Q,\ ^2Q,\ l) = [B] \tag{3.25}$$

式中,三维矩阵 $[A]$ 为生长前的状态邻接矩阵;矩阵 ^1Q 为新构件 k_{m+1} 与其他构件在全部系统状态下的邻接关系;^2Q 是 $[B]$ 在新增状态下的系统邻接矩阵;l 是新增状态所处面位置,通常为最后一层,即 $l = n+1$。

则三维矩阵 $[A]$、$[B]$ 之间有如下关系:

$$[B]_{[m+1]} = [B][m+1] = (^1Q, 0_{(n+1)\times 1}) \tag{3.26}$$

式中，$^1Q = (^1q_1^T, {}^1q_2^T, L, {}^1q_m^T)$。

$$\begin{cases} [B]^{[k]} = \begin{bmatrix} [A]^{[k]} & {}^1q_k^T \\ {}^1q_k & 0 \end{bmatrix} & (k = 1, 2, \cdots, L, \cdots, l-1) \\ \\ [B]^{[l]} = \begin{bmatrix} {}^2Q & {}^1q_l^T \\ {}^1q_l & 0 \end{bmatrix} \\ \\ [B]^{[k+1]} = \begin{bmatrix} [A]^{[k]} & {}^1q_{k+1}^T \\ {}^1q_{k+1} & 0 \end{bmatrix} & (k = l, \cdots, l+1, \cdots, L, n) \end{cases} \tag{3.27}$$

若系统生长未引入新构件，对应矩阵 ^1Q 为空，$[B]$ 的规模退化为 $[B]_{m\times m}^{n+1}$，生长运算退化为

$$\text{Proliferate}([A], \phi, {}^2Q, l) = [B] \tag{3.28}$$

式 (3.28) 中，三维矩阵 $[A]$、$[B]$ 有如下关系：

$$\begin{cases} [B]^{[k]} = [A]^{[k]} & (k = 1, 2, \cdots, L, \cdots, l-1) \\ [B]^{[l]} = {}^2Q \\ [B]^{[k+1]} = [A]^{[k]} & (k = l, \cdots, l+1, \cdots, L, n) \end{cases} \tag{3.29}$$

以图 3.5 为例，$[A]$ 的装配状态运算过程为

$$\begin{aligned} \text{Build}(S_1, (1), (3)) &= S_2 \\ \text{Vanlish}(S_2, (1), (2)) &= S_3 \end{aligned} \tag{3.30}$$

此外，若 $[A]$ 取消用于锁定用的门闩构件，可以得到系统 $[C]$：

$$\begin{cases} [C]^{[1]} = \begin{bmatrix} 0 & 1 \\ 1 & 0 \end{bmatrix} \\ \\ [C]^{[2]} = \begin{bmatrix} 0 & 1 \\ 1 & 0 \end{bmatrix} \end{cases} \tag{3.31}$$

$[A]$ 可由 $[C]$ 生长而来，生长运算为

$$\text{Proliferate}\left([C] \ , \begin{bmatrix} 0 & 1 \\ 1 & 1 \\ 1 & 1 \end{bmatrix}, \begin{bmatrix} 0 & 0 \\ 0 & 0 \end{bmatrix}, 3 \right) = [A] \tag{3.32}$$

通常来说,同时引入锁定构件及锁定运动的生长方式,得到的结构更加可靠、加工难度更低、设计简单、经济性好;而仅引入锁定运动的生长方式得到的结构更加紧凑。

3.2.3　桁架接头系统的结构层设计

有了确定的原理方案后,还需要设计结构以得到直观的构件模型。形面特征设计需要考虑具体的运动特征方向,系统结构层内容包括尺寸、形面、材料等结构参数。从拓扑层到结构层的设计过程是抽象方案到实际方案的生成过程,此处重点研究构件的形面特征。

按功能,构件形面特征可分为三类:运动形面、接触形面及锁定形面。其中,两个构件上参与构成运动副面部分的元素称为运动形面。运动结束后会在活动构件与静止构件之间发生新的接触,同时引入单向约束,阻止运动继续发生,两个构件发生接触的面部分元素称为接触形面。锁定构件上的运动形面及接触形面统称为锁定形面。

图 3.5 系统运动过程中,构件 K_1 和 K_2 之间的接触面为运动形面,运动结束后系统处于 S_2 状态时,构件 K_2 背面为接触形面,构件 K_3 与构件 K_1、K_2 之间产生移动副的面特征为锁定形面。

将发生运动的静止构件及其活动构件从系统中独立出来,讨论孤立运动特征的形面特征设计。为了保证构件实现所设计的运动特征,两构件的运动形面及接触形面在运动过程中应满足不发生干涉的条件;而在运动终止时刻,两构件的接触形面实现接触。

考虑独立的平移运动 $T(u)$,对于活动构件运动形面上的任意一个点 E,其运动路径为与方向 u 平行的一条直线线段。为实现运动过程中的接触,静止构件的运动形面上需要有一条对应的直线线段与点 E 的运动路径重合。因此,静止构件、活动构件的运动形面应为一组与方向 u 平行的直线簇。将运动形面沿方向 u 投影,应为一条连续封闭曲线,以保障形面的完整性,于是可以得到平移运动 $T(u)$ 的运动形面的设计方法,如图 3.6 所示。

对于平移运动 $T(u)$ 的接触形面,为避免运动过程中发生干涉,运动终止时

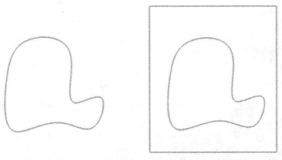

(a) 选择以u方向为法向的平面，绘制任意连续封闭曲线

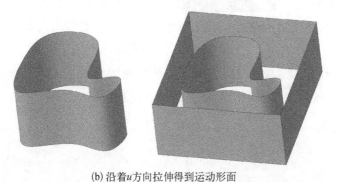

(b) 沿着u方向拉伸得到运动形面

图 3.6　平移运动 $T(u)$ 的运动形面设计方法

实现接触，要求接触形面上的每一点在平行 u 方向上为单值的。若某点为多值，如图 3.7 所示，在运动方向上有静止构件 A、B 两点，与活动构件 A'、B' 接触，在运动过程中，会出现 A'、B' 干涉，导致运动无法按照设计运动到位。

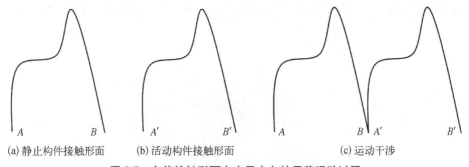

(a) 静止构件接触形面　　　(b) 活动构件接触形面　　　　　(c) 运动干涉

图 3.7　多值接触形面在水平方向的平移运动过程

因此，对于独立的平移运动 $T(u)$，设计接触形面时，以 u 方向为 z 轴方向建立三维笛卡儿坐标系 $Oxyz$，建立任意一个单值曲面，分别作为静止构件和活动构

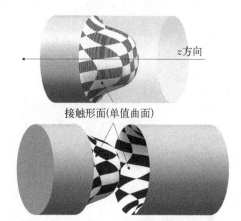

图 3.8　平移运动 $T(u)$ 的接触形面设计过程

件的接触形面。以投影为底,以 z 轴方向为母线方向做柱面,柱面为构件的运动形面。在运动过程中,需保证两者的 z 轴同向且共线。如图 3.8 所示,将设计边界的柱状区域从给定单值曲面分开,图中左边为静止构件,右边为活动构件,外侧圆柱面为运动形面。

接下来考虑独立的转动运动 $R(N, v)$。首先引入坐标映射,以点 N 为原点,v 方向为 h 轴方向,建立柱坐标系 $N\varphi\rho h$,其中 φ 为绕轴线旋转角度,ρ 为距离轴线的半径,h 为高度。建立柱坐标系下点 $E(\varphi, \rho, h)$ 至笛卡儿坐标系 $Oxyz$ 下点 $E'(x, y, z)$ 的映射关系:

$$f(\varphi, \rho, h) = (x, y, z) \quad (\varphi \in [0, 2\pi), \rho \in [0, \infty), h \in (-\infty, \infty)) \tag{3.33}$$

$$f^{-1}(x, y, z) = (\varphi, \rho, h) \quad (x \in [0, 2\pi), y \in [0, \infty), z \in (-\infty, \infty)) \tag{3.34}$$

利用变换 f 可将转动运动 $R(N, v)$ 映射为一个平移运动 $T(u)$,以采用平移运动 $T(u)$ 的形面设计方法,对运动形面及接触形面分别进行设计。$T(u)$ 的形面设计完成后,通过逆映射 f^{-1} 可以得到两构件的真实形状。变量 φ 的设计范围一般不超过 π,否则运动空间不足,会导致无法装拆的情况。转动运动的形面设计过程如图 3.9 所示。

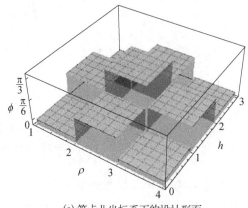

(a) 笛卡儿坐标系下的设计形面

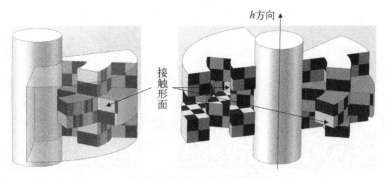

(b) 逆变换到柱坐标系中的形面

图 3.9　转动运动 $R(N, v)$ 的形面设计过程

类似地,考虑独立螺旋运动 $H_p(N, w)$。引入坐标映射,以点 N 为原点,w 方向为 q 轴方向,建立螺旋坐标系 $Nqr\theta$,其中 q 为点沿 w 方向与螺旋导线的距离,r 为点距离轴线的半径,θ 为螺旋导线转过的角度,见图 3.10。

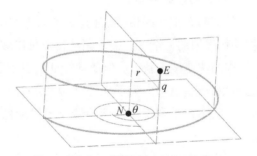

图 3.10　螺旋坐标系 $Nqr\theta$

建立螺旋柱坐标系下点 $E(q, r, \theta)$ 至笛卡儿坐标系 $Oxyz$ 下点 $E'(x, y, z)$ 的映射关系:

$$g(q, r, \theta) = (x, y, z) \quad (q \in [0, p), r \in [0, \infty), \theta \in (-\infty, \infty))$$

$$(3.35)$$

$$g^{-1}(x, y, z) = (q, r, \theta) \quad (x \in [0, p), y \in [0, \infty), z \in (-\infty, \infty))$$

$$(3.36)$$

利用变换 g 可将螺旋运动 $H_p(N, w)$ 映射为一个平移运动 $T(u)$,采用平移运动 $T(u)$ 的形面设计方法,对运动形面及接触形面分别进行设计。$T(u)$ 的形面设计完成后,通过逆映射 g^{-1} 可以得到两个构件的真实形状,如图 3.11 所示。

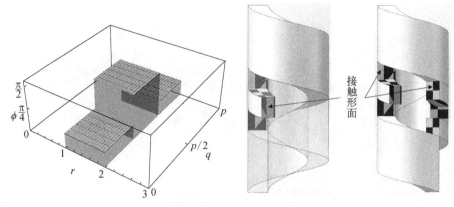

(a) 笛卡儿坐标系下设计的形面   (b) 逆变换到螺旋坐标系中的形面

图 3.11   螺旋运动 $H_{\mathrm{p}}(N, w)$ 的形面设计过程

3.2.4   桁架接头系统的动力层设计

对于未来机器人装配的大型空间桁架结构,更少的操作步可以提高装配效率,降低机器人装配动作规划的复杂度。引入驱动特征可以减少系统的操作步,以得到适合机器人操作的快速接头系统。但驱动特征的引入通常会使系统状态异于设计期望,状态产生异常。另外,为了保证结构系统的稳定性,有必要引入止动特征使系统的工作状态在受到工作载荷的情况下保持稳定,不会向临近状态或异常状态运动。

接头系统的主要用途是实现稳定连接,而非实现频繁的机械运动,驱动层选择储能元件作为接头系统驱动更适合。在接头系统中,操作特征的实现由操作者或机器人完成,而自发运动的实现需要储能元件来完成。储能元件的作用力可分为磁力、应力、弹力、引力或重力等,这些力又可以分为接触力和非接触力两类。其中,接触力包括应力、弹力,接触力的优势在于引入简单,适用于柔性构件设计,传力过程明确不容易引起系统异常,通过合理设计可使得结构紧凑。但接触力的缺点在于只能驱动运动副,无法驱动消失副,对于部分有特殊要求的设计场合并不适用。非接触力既可以驱动运动副又可以驱动消失副,通过合理设计也可以使得结构紧凑,但非接触力引入过多容易导致传力过程混乱,增加设计难度。

止动层设计需要结合系统结构层,可以引入驱动层的力源配合接触形面实现止动,还可以引入摩擦力配合运动形面起到止动效果。驱动力及止动力均是为了实现系统动力层设计而引入的力源特征。

　　力源特征引入的主要目的是减少系统的操作步,简化系统的操作流程,这里的操作步可以是正向操作步也可以是逆向操作步。系统发生自发运动的本质是能量的释放,由高势能状态跃迁至低势能状态,因此对于引入双向驱动特征的情况,S_j状态及 S_{j+1} 状态应设计为双稳态,需要借助操作或前置自发运动的能量实现自发运动。若选择 S_j 状态作为势能零点,要求实现 S_j 状态及 S_{j+1} 状态的自发运动,系统的势能变化曲线应如图 3.12 所示,S_j 状态与 S_{j+1} 状态为势能谷值点,两者之间存在一个势能峰值点 U;相邻状态 S_{j-1} 及 S_{j+2} 的势能高度高于点 U,以便于系统依靠惯性通过点 U。

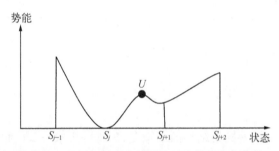

图 3.12　引入双向驱动特征的系统势能变化曲线

　　一个接头系统,若通过一次操作可以完成全部正向运动步,称这个系统为快装接头系统;若通过一次操作可以完成全部逆向运动步,则称这个系统为快拆接头系统;若该系统既是快装接头系统,又是快拆接头系统,则称这个系统为快速装拆接头系统。快装接头系统和快拆接头系统统称为快速接头系统。选择隐去系统的具体拓扑信息,仅保留状态运动信息,得到系统的简化运动图。快速接头系统的简化运动图可以表达为图 3.13。

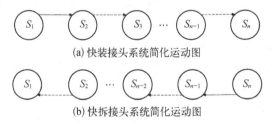

(a) 快装接头系统简化运动图

(b) 快拆接头系统简化运动图

图 3.13　快速接头系统简化运动图

　　若一个快速装拆接头系统不含有双向驱动特征,根据图 3.13 可以得到系统的 $n \leqslant 3$,即 $n = 2, 3$,该接头系统的简化运动图如图 3.14 所示。

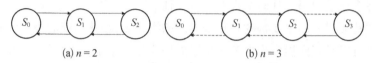

(a) n = 2 　　　　　　　　　　(b) n = 3

图 3.14　快速装拆接头系统的两种模式

当 $n>3$ 时,快速装拆接头系统必定含有双向驱动特征,随着系统状态增多,系统的势能曲线将变得十分复杂,对于快速装拆接头系统,建议设计为 $n \leqslant 5$ 的方案。

而系统止动方式一般分三种:一是合理设计接触形面;二是引入锁定运动;三是引入摩擦力特征。摩擦力止动在系统工作过程中有松脱失效的风险,因此不可用于主要承载方向及最终的正向运动步中。

3.3　径向快装接头的结构方案设计

为满足大型可扩展桁架结构的高精度、高刚度要求,标准模块单元的装配需要采用特定构型的接头连接方案来确保安装后的精度与刚度指标。同时,为了实现人机协作装配操作的便利化,期望接头的连接是快速完成的。因此,依据上述接头系统的综合设计方法,选择最直接的径向快装接头刚性结构实现装配并限制连接处各运动方向的自由度。

3.3.1　径向快装接头结构方案一

方案一(图 3.15)采用了 PR(平动副-转动副)运动链实现接头自锁,其中锁爪与公接头之间的 R 副设有卷簧,可以在公母接头径向装配的过程中,推开锁爪并压缩卷簧[图 3.15(b)],当公母接头完全装配到位之后,锁爪会在卷簧的作用下释放,将公母接头的 P 运动锁止,防止接头松脱。

该方案采用了配合牙形以提高连接强度,并在公母接头上引入导向设计,可简化机器人装配操作的难度,但此方案存在如下缺点。

(1)结构设计复杂,其中导向设计需要电火花工艺加工,接头系统成本高。

(2)未充分考虑供电、信息传输的通路设计,锁爪设计阻碍了接头内部的走线,电通路设计空间狭小。

(3)拆卸时需要拨动贯通接头内外的拨杆解锁,影响接头部位的密封性,不

| (a) 分离状态 | (b) 装配过程 | (c) 装配完毕并自锁 |

图 3.15　径向快装接头结构方案一

利于后续气、液通路设计。

（4）接头系统的连接与防松稳定性高度依赖锁爪与母接头之间弧面配合的加工精度。若间隙过大，在长时间的低频振动冲击作用下易产生松脱；若间隙过小，则要求卷簧的锁紧力大，会影响装配便捷性。

（5）锁爪是影响接头连接强度的关键承力件。在外载荷冲击下，锁爪与公接头之间的轴销配合将承担径向剪力，为该设计的薄弱环节，轴销一旦破坏，整个连接就会失效。

3.3.2　径向快装接头结构方案二

在前述方案基础上，方案二尝试采用基于 PP（平动副-平动副）运动链的简化方案，以降低加工难度、减少加工开销，如图 3.16 所示。

方案二仅用来作为功能验证，同样采用内置锁舌。在装配过程中，公接头与锁舌的斜面之间配合，将锁舌压入母接头中。完全装配后，利用拨杆可以将锁舌向右推出，以限制装配方向的自由度并得到稳定的结构。接头轴向强度主要依赖公母接头之间的

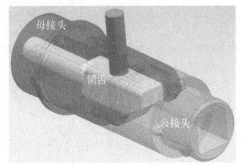

图 3.16　径向快装接头结构方案二

配合牙形，径向强度则依赖公母接头与锁舌之间的形面配合。

为了校验结构刚度，选择 3D 打印完成了样件加工，如图 3.17 所示。经过测试，该结构样件可以承受不小于 100 N 的轴向载荷，以及不小于 2 N·m 的弯矩

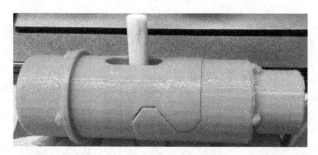

图 3.17   径向快装接头结构方案二的 3D 打印样件

而不发生破坏,但仍存在如下问题。

(1) 3D 打印的加工精度较差、配合间隙大,结构受载时易产生较大形变。

(2) 未考虑预留内部通道,难以实现供电和信号传输的通路设计。

(3) 拆卸时同样需要拨动贯通接头内外的拨杆,影响接头部位的密封性。

3.3.3   径向快装接头结构方案三

径向快装接头结构方案三将方案二的内置锁舌修改为外置滑套,并在接头内部放置尼龙垫块,作为电气接插件的装配基座,同时设计了弹性挡销以限制外置滑套的异常运动,使得结构刚度大大提高,整体结构更加紧凑。方案三的原理模型如图 3.18 所示。

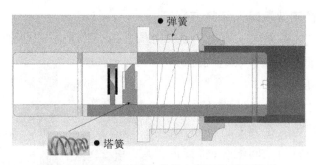

图 3.18   径向快装接头结构方案三的原理模型

在装配前,图 3.18 中的公接头锁销挡住轴套向左运动的趋势;装配过程中,母接头将锁销压下,释放轴套向左的运动趋势。当公、母接头装配到位后,轴套会在弹簧的作用下向左运动,将公母接头锁紧。

完善后的方案三采用了标准轴套、销钉作为零件及连接件,减少了加工件数量,降低了加工难度。此外,方案三还考虑了电气接插件,利用内部预置的尼龙垫块作为固定基座,但还存在如下问题。

（1）母接头上未设计轴套止挡。

（2）未考虑电气接插件的走线通道。

（3）工艺未细化,如公差配合不合理、表面粗糙度未标注、未标明表面处理工艺等。

3.3.4　径向快装接头结构方案四

径向快装接头结构方案四的工作原理与方案三基本一致,但更新了电气接口的机械形式,新增并完善了球点设计,修正了部分设计细节,如公差配合、表面粗糙度、表面处理工艺等。图 3.19 为径向快装接头结构方案四的实物加工样件,可实现快速装拆过程。相比方案一,方案四的加工成本大大降低。

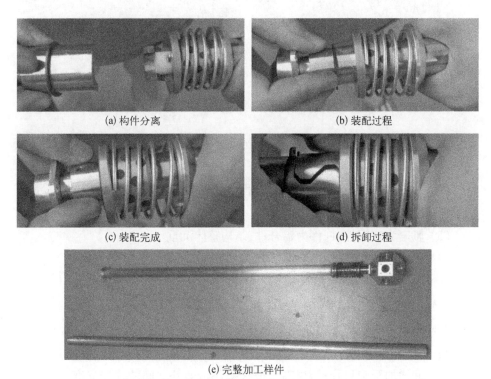

(a) 构件分离　　　　　　　　　　(b) 装配过程

(c) 装配完成　　　　　　　　　　(d) 拆卸过程

(e) 完整加工样件

图 3.19　径向快装接头结构方案四的实物加工样件及装拆功能演示

径向快装接头结构方案四采用 Baxter 机器人实现了杆件的抓取验证,如图 3.20 所示。从装配验证可以看出,当两个球点固定好之后,杆件可以较容易地压入并完成自锁,以实现桁架结构的快速装配。该方案装配动作流畅、结构牢固,拆卸也较简单,不足之处如下。

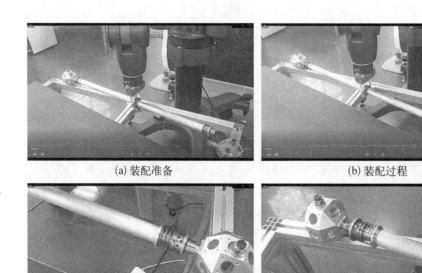

| (a) 装配准备 | (b) 装配过程 |

(c) 右侧装配完成

(d) 左侧装配完成

图 3.20   径向快装接头结构方案四中的 Baxter 机器人杆件抓取验证

（1）接头配合精度设计欠合理，装配后接头有较大间隙，有微小扰动即会产生较大挠度。

（2）锁销截面过小，机器人装配过程中频繁出现母接头无法正确触压锁销而导致装配失败的情况。

（3）轴套为黄铜件、杆件为铝合件，结构整体沉重。

（4）弹簧与轴用挡圈外露，不够美观。

3.3.5   径向快装接头结构方案五

径向快装接头结构方案五在滑套外面增加了弹簧套，实现对快速接头结构的封装；对轴套与桁架杆进行轻量化设计，降低了整体质量。在公接头与碳纤维桁架杆之间增加了密封胶道，提高了公接头与桁架杆之间的连接强度。轴套与公、母接头之间的配合增加了锥度，既可实现消隙的目的，也可使得接头装配具有自调心能力。对于锁销，由圆截面调整为矩形面，提高了装配允差，降低了对机器人装配操作的精度要求。此外，采用了一体化设计优化了公差配合，提高了精度，降低了加工和装配偏差对整体精度的影响。径向快装接头结构方案五的设计原理及加工样件如图 3.21 所示。

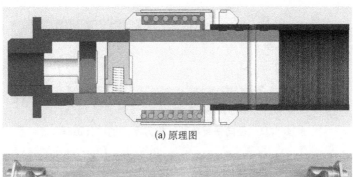

(a) 原理图

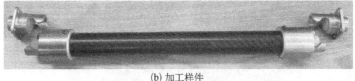

(b) 加工样件

图 3.21　径向快装接头结构方案五的设计原理及加工样件

径向快装接头结构方案五的密封性与装配自调心性良好,提高了装配成功率。在内衬中预留了电气接插件的走线通路,便于后续供电、信号通路测试,但还存在如下问题。

(1) 弹簧外套与杆端挡圈之间采用螺栓连接,当螺栓拧过紧时会引起弹簧外套椭圆变形,影响轴套运动的流畅性。

(2) 接头拆卸过程中,需用手滑动轴套解锁,弹簧内外套之间的间隙可能会夹手,存在安全隐患。

(3) 锥面配合的锥度设计不合理,加工抛光不足,导致轴套锁紧过程中出现频繁卡滞。

3.3.6　径向快装接头结构方案六

为解决锥面配合的卡滞问题,径向快装接头结构方案六开展了不同锥度下的三种样件的装配验证。由于桁架杆端挡圈与弹簧套为一体化加工,不再存在螺栓干涉。将原方案修改为弹簧外套与滑套装配连接、弹簧内套与杆端挡圈装配连接,避免了解锁过程中的安全隐患。径向快装接头结构方案六的设计原理如图 3.22 所示。

径向快装接头结构方案六的机械连接已经完善,装拆动作比较流畅,测试样件实物图见图 3.23。但是其供电、信号传输通路的连通成功率较低,主要原因是电气接插件对装配空间非常敏感,在频繁的装拆测试中,部分电气触点产生了机械损坏,从而导致失效。

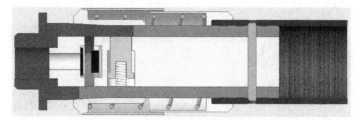

图 3.22　径向快装接头结构方案六的设计原理

图 3.23　径向快装接头结构方案六的测试样件实物图

3.3.7　径向快装接头结构方案七

　　径向快装接头结构方案七的变更主要针对供电和信号传输通路杆件的设计。在本方案中,将电气触点原有的径向搭接模式调整为倾斜搭接模式,极大地提高了连接容错率,避免了装拆过程中对电气接插件的机械损伤,获得了高稳定性的供电、信号传输通路连接性能。径向快装接头结构方案七的设计原理如图3.24 所示。

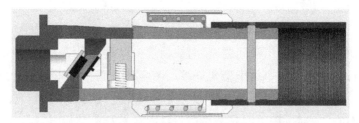

图 3.24　径向快装接头结构方案七的设计原理

3.4　轴向快装接头的结构方案设计

　　轴向快装接头是可拓展桁架标准模块单元装配的另一种主要结构,轴向装配用于模块化单元之间的连接,或结构基础与拓展结构之间的连接,在模组之间装配具有一定的优势。

3.4.1　轴向快装接头结构方案一

轴向快装接头结构方案一(图 3.25 和图 3.26)采用 PRR(平动副-转动副-转动副)运动链实现接头自锁,其中锁止爪与公接头之间的 R 副设有卷簧,在轴向装配过程中,通过公母接头之间的相对转动推开锁爪并压缩卷簧,当公母接头完全装配到位后,锁爪会在卷簧的作用下释放,将公母接头之间的所有运动锁止,防止接头松脱。解锁时,钩动锁止爪,释放公母接头之间的相对运动即可。

(a) 转销固定于杆件部分　　　　(b) 连接接头滑入卡扣

(c) 锁止爪回位锁死　　　　(d) 沿轴向移动锁定

图 3.25　轴向快装接头结构方案一的锁止过程

轴向快装接头结构方案一主要存在如下问题。

(1)精确的旋拧操作对机器人来说具有一定难度。

(2)装拆过程中,公母接头之间存在轴向相对转动,仅适用于杆件或球节点中至少有一个构件完全自由的情况。若球节点固定在结构整体上,桁架杆的另

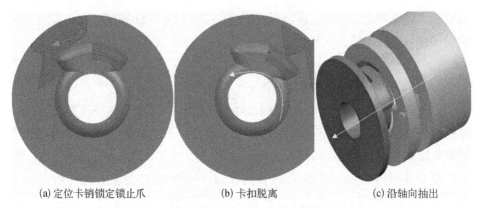

(a) 定位卡销锁定锁止爪   (b) 卡扣脱离   (c) 沿轴向抽出

图 3.26   轴向快装接头结构方案一的解锁过程

一端也装配在另一球节点上,则桁架杆与球节点接头之间无法产生相对旋转,轴向装配不可行。

(3) 结构设计复杂、加工成本高。

(4) 未考虑供电、信号传输的通路设计。

(5) 结构强度高度依赖锁止爪的抗剪能力,锁止爪强度较薄弱。

3.4.2   轴向快装接头结构方案二

考虑到经济性与可靠性,轴向快装接头结构方案二采用两步操作实现连接,将方案一中的 PRR(平动副–转动副–转动副)运动链修改为 PPP(平动副–平动副–平动副)运动链,降低了对机器人操作技能的要求。该方案通过齿形实现公母接头的啮合,并在公母接头处开环形沟槽,利用两个瓦片实现公母接头的锁合,瓦片间有弹簧以便于快速拆装,瓦片外有滑套锁定,防止接头松脱。轴向快装接头结构方案二的样件及其装拆过程见图 3.27。

经过验证,轴向快装接头结构方案二的轴向装配接头样件装拆动作流畅,但还存在如下问题。

(1) 弹簧外露,不美观。

(2) 母接头的两个组件通过螺纹连接而成,引入不必要的间隙源。

(3) 铜套质量较重。

(4) 装配后接头之间存在着较大间隙。

3.4.3   轴向快装接头结构方案三

与径向快装接头类似,轴向快装接头结构方案三也加入了弹簧套与锥度配

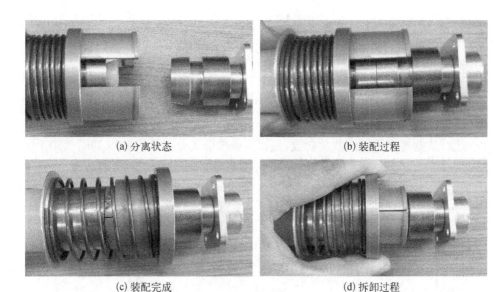

(a) 分离状态　　　　　　　　　　　　(b) 装配过程

(c) 装配完成　　　　　　　　　　　　(d) 拆卸过程

图 3.27　轴向快装接头结构方案二的样件及其装拆过程

合,在消除间隙的同时,还可更好地实现快速装拆的功能需求。轴向快装接头结构方案三的机械连接流畅、机器人操作适应性好,样机模型及实物样件见图 3.28。

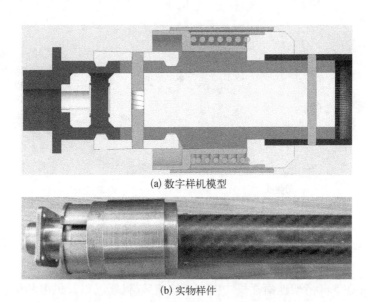

(a) 数字样机模型

(b) 实物样件

图 3.28　轴向快装接头结构方案三的样机模型及实物样件

3.5　桁架接头的电接口设计

根据桁架接头内预留的空间,选择4针脚的锂电池触片作为供电、信息传输的接插件。采用印刷线路板(printed circuit board,PCB)作为导线与接插件的装配母版,其电气接插件模型及参数、机械预留槽形式分别见图3.29和图3.30。

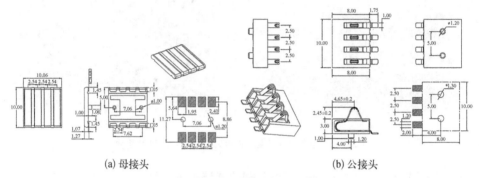

(a) 母接头　　　　　　　　　　　　　(b) 公接头

图 3.29　电气接插件模型及参数(单位:mm)

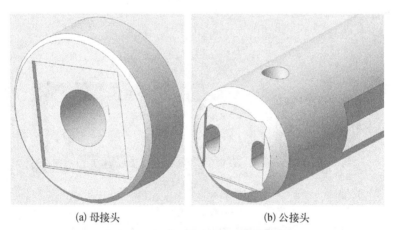

(a) 母接头　　　　　　　　(b) 公接头

图 3.30　接头预留空间及走线槽布局

根据选用电器元件的原理图,参考尼龙内衬中的线槽位置,绘制 PCB,如图 3.31 所示。PCB 实物样件及外形对比如图 3.32 所示。PCB 实物样件通过了短路测试,并在 5 m 桁架地面样机中实现了快速装拆试验,以及供电和信息传输通路验证,见图 3.33。

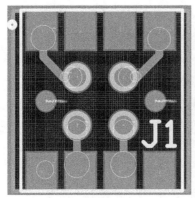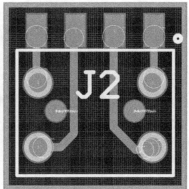

(a) 母接头　　　　　　　　　(b) 公接头

图 3.31　PCB 绘制图

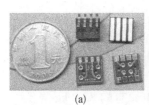

(a)　　　　　　　(b)　　　　　　(c)

图 3.32　PCB 实物样件及外形对比

(a) 通路入口　　　　(b) 通路出口　　　(c) 信息传输通路验证

图 3.33　供电和信息传输通路验证过程

3.6　高刚度标准模块单元的设计分析

为了满足大型桁架结构组装后的基频、强度和刚度等要求,需要对标准模块单元进行结构优化减重、分析和验证模块单元的各向承载性能、合理设计装配允差和接头配合间隙,在确保组装后整体性能的基础上充分考虑人机协同装配的适应性和便利性。

3.6.1　高刚度标准模块单元的减重设计

为了取得良好的结构性能,对模块单元中的接头系统进行了减重优化设计。5 m直立桁架地面样机中采用的主材为钢、铝、碳纤维、工程塑料,总质量为85.2 kg。碳纤维杆是桁架结构承受内力的主体零件,在减重设计中未作处理。而接头系统可以将主材钢替换为钛合金,并从结构上进行减重优化。球点主材为铝合金,难以从材料上进行减重优化,故主要采取结构拓扑优化来进一步减轻质量。

经过减重设计后,5 m直立桁架地面样机整机质量由原有的85.2 kg降低为47.0 kg;依据该减重方案,各直立桁架地面样机减重前后的质量对比如表 3.1 所示。

表 3.1　直立桁架地面样机减重优化比较

构　　型	减重前质量/kg	减重后质量/kg	减重比例
5 m 直立桁架	85.2	47.0	44.8%
100 m 直立桁架	1 565.3	867.0	44.6%
矩形桁架暴露平台	303.8	169.2	44.3%
圆柱体特殊舱段连接桁架	64.2	40.0	37.7%
圆锥台特殊舱段连接桁架	52.4	31.1	40.6%

其中,5 m直立桁架、100 m直立桁架、矩形桁架暴露平台三种构型的减重比例均为44.5%左右,而两种特殊舱段连接桁架的减重比例稍低,是因为前三种构型采用同样的标准化构件系列,桁架杆均为 1 m 中心距与 $\sqrt{2}$ m 中心距;而后两种构型中所用桁架杆尺度较大,包括 1 m 中心距、$\sqrt{2}$ m 中心距、2 m 中心距、$\sqrt{5}$ m

中心距、$2\sqrt{2}$ m 中心距,导致整机质量中未进行减重的碳纤维桁架杆质量占比较高,因此减重效果稍差。

1. 接头系统减重

径向装配的接头系统减重:一方面,将主要承力件公接头、母接头与轴套的主材由钢材更换为钛合金,其他非承力件依据功能替换为铝合金或高强度工程塑料;另一方面,对大多数零件结构做拓扑优化,如图 3.34 所示。

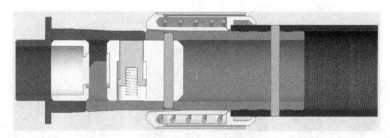

图 3.34　径向装配的接头系统减重方案原理

对比图 3.22 和图 3.34,因为钛合金的强度优于 45 号钢,将公、母接头与轴套的管壁厚度变薄,并去除了不必要的结构,仅保留功能性结构特征,整体由原来的 383 g 减至 160 g,减重比例达到 58.2%。根据 3.6.3 节分析可知,原方案接头承受的轴向拉力载荷极限约为 2 kN,新方案可以达到 3 kN,强度提高至 1.5 倍。图 3.35 是减重后的径向装配接头系统实物样件。

图 3.35　径向装配的接头系统减重方案实物样件

2. 球点减重

根据 3.1 节的参数确定,球点形式为半正 26 面体结构形式,每个正方形面上有通孔作为预留的母接头装配孔位。考虑到加工经济性,减重前的球点结构采用数控铣工艺铣出通孔,其结构如图 3.36 所示。

减重后,球点为图 3.37 所示的球壳结构,考虑到球点需要承受 3 kN 以上的轴向拉伸载荷,经过仿真分析确定了壁厚尺寸,且球面上的螺栓孔位需要保留一定的长度,确保多圈螺纹配合,以保证螺栓连接的可靠性。

基于该减重方案,单个球点的质量由减重前的 561 g 减至 253 g,减重比例为

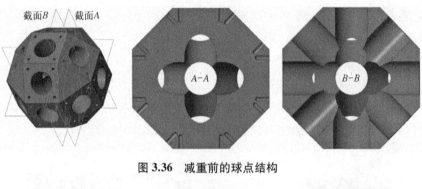

图 3.36   减重前的球点结构

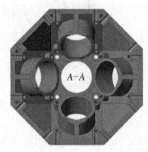

图 3.37   减重后的球点结构

54.9%。同时,球点承载的拉力极限由减重前的 25.6 kN 减小为 22.1 kN,仅衰减 13.7%,仍保持了足够的结构强度。

3.6.2   高刚度标准模块单元的承载能力分析

1. 薄弱环节分析

在接头系统设计中,球节点与母接头通过 4 颗 M3 的螺钉连接,查表可知 8.8 级 M3 粗牙螺纹的保证载荷为 $P = 2\,920\,\text{N}$,安全系数取 $\lambda = 1.5$。母接头与球节点之间的许用拉力 N_f 为

$$N_f = n_f P / \lambda \approx 7.9\ \text{kN} \qquad (3.37)$$

式中,n_f 为连接螺钉个数,$n_f = 4$。

公接头与碳纤维管之间通过销钉定位,密封胶连接。密封胶采用厌氧胶。公接头上设计有 $n_m = 3$ 道密封环,每个密封环的长度 $l = 3\ \text{mm}$,外径 $d = 26\ \text{mm}$,剪切强度 $\gamma = 21\ \text{MPa}$,安全系数 $\lambda = 1.5$。公接头与杆件之间的许用拉力为

$$N_m = n_m \frac{\pi}{4} d^2 l \gamma / \lambda \approx 66.9\ \text{kN} \qquad (3.38)$$

　　后面通过有限元分析可知,接头位置处的许用拉力仅为 2 kN,因此整个结构的薄弱环节为接头连接处的抗拉能力。

　　2. 接头部位的拉压分析

　　当桁架结构的负荷加载在节点上时,桁架杆主要承受拉压载荷,其他形式的载荷很小,可以忽略。因此,分析接头等部件单元承受拉压载荷的力学特性,可以简化整体力学特性的研究。

　　为提高求解效率,将接头部件中不必要的零件去除,仅考虑主要承力零件,并对零件的孔、沿、倒角等结构进行简化处理。在一套接头系统中,公接头、母接头与轴套是主受力件,其他零件,如内衬、弹簧、挡销等对受力性能的影响很小。接头静力学分析的简化模型如图 3.38 所示。

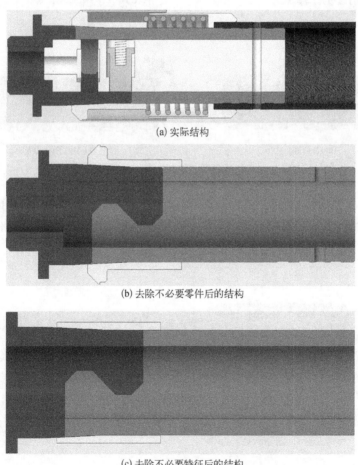

(a) 实际结构

(b) 去除不必要零件后的结构

(c) 去除不必要特征后的结构

图 3.38　接头静力学分析的模型简化

仿真过程中,考虑到对称性,将模型沿剖面切开。在母接头端面设置固定约束,在剖面设置对称约束,在公接头端面设置拉压载荷,在轴套上设置等效弹簧压力(图 3.39)。选择材料为 45 号钢表面淬火,表面硬度为 55HRC。处理后的材料性能：屈服强度 355 MPa,拉伸极限 600 MPa,表面抗压极限 1 125 MPa,装配体预留一定的间隙。坐标系建立选择轴向方向为 y 方向,装配方向为 z 方向,失效准则选择第三强度准则。

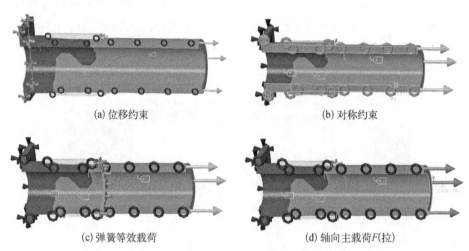

(a) 位移约束　　　　　　　　　　　　(b) 对称约束

(c) 弹簧等效载荷　　　　　　　　　　(d) 轴向主载荷F(拉)

图 3.39　接头静力学分析的约束与载荷设置

接头模型网格划分如图 3.40 所示,其中六面体网格 7 506 个、四面体网格 666 个,共计划分了 8 172 个网格,应力集中位置的网格均为六面体网格。

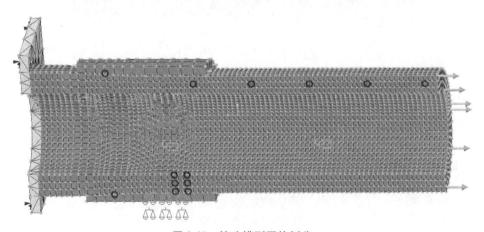

图 3.40　接头模型网格划分

　　首先进行受压承载分析,由于几何突变存在应力集中现象,结构的薄弱环节为啮合牙形的顶部[图 3.41(a)]。从整体位移(主要为轴套位移)曲线图 3.41 (b)可以看出,接头压紧后的位移近似为线性关系。轴套位移不影响桁架结构整体,考虑公接头端部位移[图 3.41(c),依次为模型综合/x 方向/y 方向/z 方向位移,图 3.42(c)同],公接头 x 方向无位移,y 方向产生了 0.6 μm 的位移,z 方向则有 10 μm 的位移。通过受压承载分析,可以近似认为接头部分为刚性接头。

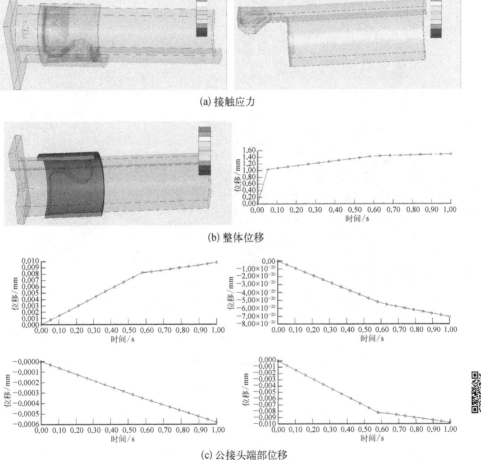

(a) 接触应力

(b) 整体位移

(c) 公接头端部位移

图 3.41　压力 $F=-2\,000$ N 下的承载测试

　　再进行受拉承载分析,发现应力集中现象较为明显,主要表现为公母接头牙形根部的撕裂风险、母接头牙形顶部及公接头颈部的压溃风险,还有轴套的破裂风险。从位移曲线可以看出,接头拉紧后,位移近似为线性关系。

从应力分布看,应力集中部分的应力极限达到了 220 MPa(取整数,下同),发生在轴套内侧受公母接头挤压的位置;同时,母接头上的应力极限位置发生在接头与轴套的挤压位置,应力极限达到 208 MPa;公接头上的应力极限位置发生在接头颈部,应力极限达到 214 MPa;三部分零件的应力极限相近。

位移方面,轴套位移不影响桁架结构整体,仅需考虑公接头位移。公接头在 x 方向几乎无位移,在 y 方向产生了 0.27 mm 的位移,z 方向则有 0.2 mm 的位移。通过受拉承载分析可以看出,在 2 000 N 的拉力下,构件整体的刚性较好[图 3.42(a)]。位移

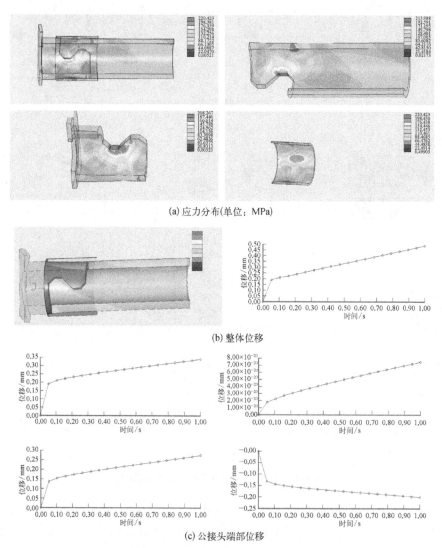

(a) 应力分布(单位:MPa)

(b) 整体位移

(c) 公接头端部位移

图 3.42 拉力 F = 2 000 N 下的承载测试

偏差主要由接头装配间隙导致[图 3.42(b)，主要为轴套位移，其次为公接头的受力变形]。2 000 N 的拉力会使得接头区域产生 0.27 mm 的轴向伸长及装配方向上 0.2 mm 的分离位移[图 3.42(c)]。同时，轴套的锥面及接头的斜面配合使得在拉力作用下几乎不会产生角位移，调心性能良好。

3. 结构单元的拉力分析

桁架内一个完整的受力结构为一个碳纤维管、两对接头、两个铝球点，如图 3.43 所示。考虑到对称性，可以将各个零件从对称面剖开进行简化分析。由于铝球点、碳纤维管处的强度远高于接头部分，且在承受拉压载荷时，受力情况也远好于接头部分，将这两部分定义为弹性材料，以便简化分析。其中，铝合金材料的屈服极限为 325 MPa，钢材的屈服极限为 355 MPa，碳纤维材料的屈服极限为 1 100 MPa。

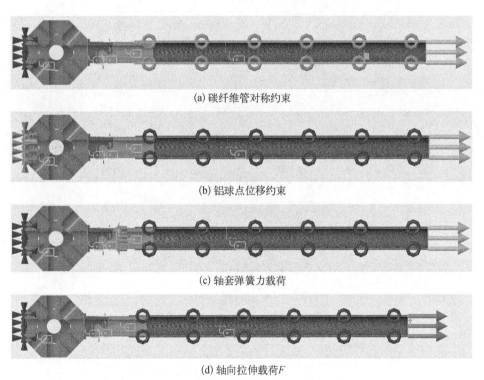

(a) 碳纤维管对称约束

(b) 铝球点位移约束

(c) 轴套弹簧力载荷

(d) 轴向拉伸载荷 F

图 3.43　单元静力分析的约束和载荷设置

由图 3.44 的结构单元分析可以看到，整体最大应力发生在接头搭接部位，约为 274 MPa，安全系数达到 1.3。从应力分布可以看出，应力主要集中在公母接头的接触牙形部分，铝球点的最大应力约为 14 MPa，碳纤维管的最大应力约为 23 MPa。

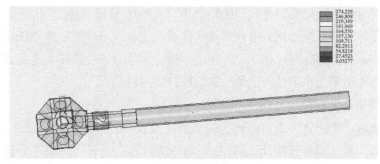

(a) 整体应力分布

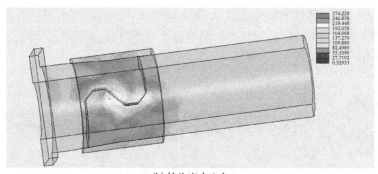

(b) 接头应力分布

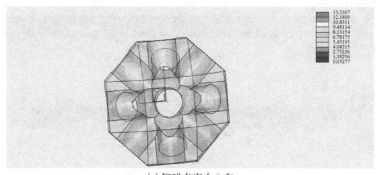

(c) 铝球点应力分布

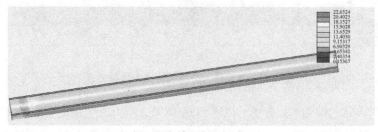

(d) 碳纤维管应力分布

图 3.44   拉力 $F=2\,000\,\mathrm{N}$ 下的承载测试及应力分布(单位: MPa)

从图 3.45 所示的位移分布可以看出,位移的发生主要是接头装配间隙导致的。如图 3.46 所示,弹性变形主要发生在线性尺度最大的碳纤维管及公接头上,对整体位移起到次要作用,将碳纤维管端头的变形与初始状态叠加,可以看到最大变形区域在 yz 方向上。结合位移图像及分布(图 3.47 ~ 图 3.50),xy 方向的最大变形由轴套膨胀产生,z 方向的最大变形为碳纤维管因间隙导致的杆件偏转。

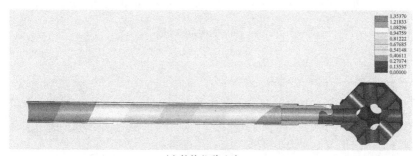

(a) 整体位移分布

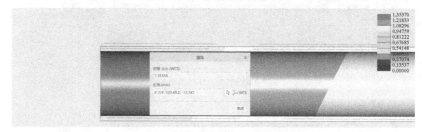

(b) 最大位移点

图 3.45　拉力 $F = 2\,000\,\text{N}$ 下的承载测试及位移分布(单位: mm)

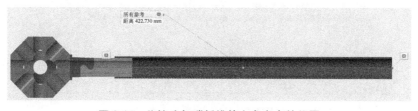

图 3.46　公接头与碳纤维管上参考点的位置

参考点的位移与转角见表 3.2,由表可知,第 2 迭代步中的载荷较小,可以认为位移主要由装配间隙引起。最终转角仅有 $0.157°$,这是因为轴套的设计有自调心的性能,接头局部刚度大,保障了单元整体的小转角。

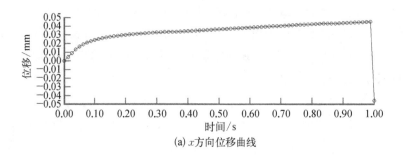

(a) x方向位移曲线

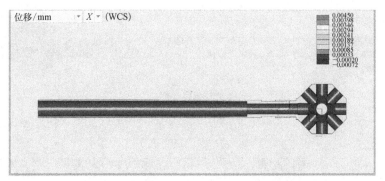

(b) 第2迭代步x方向位移分布

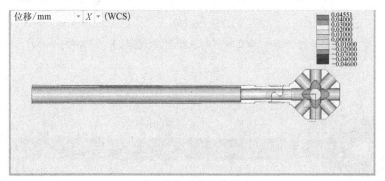

(c) 最终迭代步x方向位移分布

图 3.47   单元整体的 x 方向位移

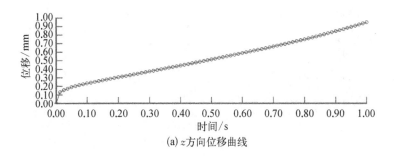

(a) z 方向位移曲线

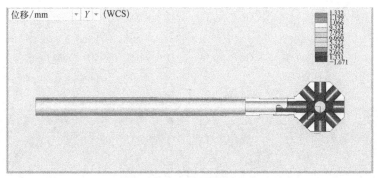

(b) 第2迭代步 y 方向位移分布

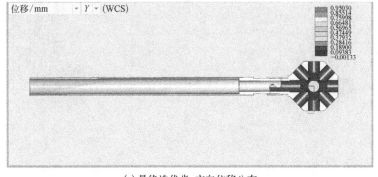

(c) 最终迭代步 y 方向位移分布

图 3.48　单元整体的 y 方向位移

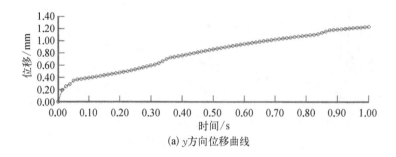

(a) y 方向位移曲线

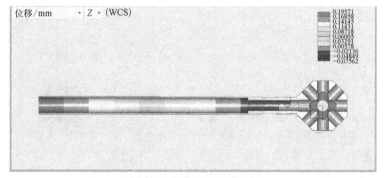

(b) 第2迭代步z方向位移分布

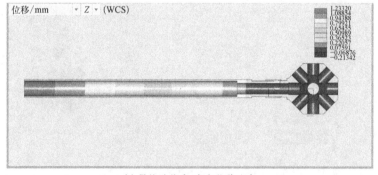

(c) 最终迭代步z方向位移分布

图 3.49   单元整体的 z 方向位移

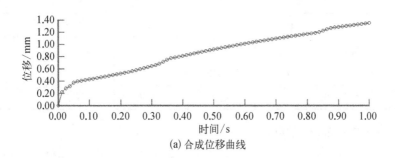

(a) 合成位移曲线

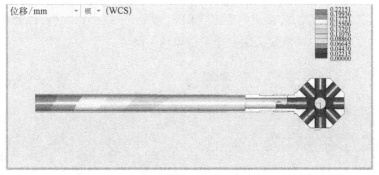

(b) 第2迭代步合成位移分布

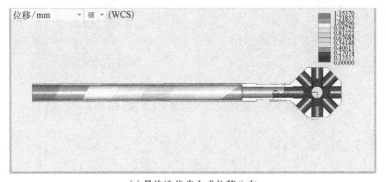

(c) 最终迭代步合成位移分布

图 3.50　单元整体的合成位移

表 3.2　单元参考点位移与转角分析

参考点位移		x/mm	y/mm	z/mm	合成/mm	yz 转角/(°)
第 2 迭代步	接头	0	0.100	0.050	0.112	0.020
	杆件	0	0.100	0.197	0.221	
最终迭代步	接头	0	0.332	0.069	0.339	0.157
	杆件	0	0.518	1.230	1.335	

4. 减重样件的拉力分析

钛合金的屈服极限为 860 MPa,拉力分析中模型设置与未减重样件基本一致,拉力[图 3.39(d)所示载荷]变化为 3 kN。根据仿真结果(图 3.51),最大应力发生在接头牙形根部,公接头约为 503 MPa,母接头约为 511 MPa,轴套上的最大应力约为 239 MPa,减重接头的安全系数可达 1.68。

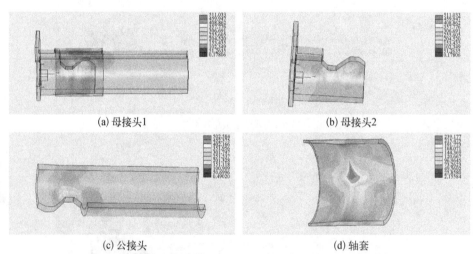

(a) 母接头1　　　　　　　　　　　　(b) 母接头2

(c) 公接头　　　　　　　　　　　　(d) 轴套

图 3.51　单元应力仿真结果(单位:MPa)

根据以上分析可知,接头位置的第一薄弱环节为接头的牙尖与牙根;牙尖的失效形式为压溃、牙根的失效形式为撕裂;第二薄弱环节为轴套。从弹塑性静态分析来看,各个薄弱环节的强度大小顺序如下:

$$接头、杆胶结部位 \gg 接头、球点螺接 \gg 轴套 > 接头牙根与牙尖 \qquad (3.39)$$

在承受 2 000 N 拉力的条件下,一个单元(球点-杆件-球点)的位移偏差与薄弱环节应力如表 3.3 所示。

表 3.3　承受拉力 $F = 2\,000\,N$ 时一个单元的位移偏差与薄弱环节应力

位移偏差					应力/MPa		
x/mm	y/mm	z/mm	合成/mm	yz 转角/(°)	牙形极值	牙形中性面	轴套
0	1.036	1.230	1.335	0.157	489.7	347.8	286.9

3.6.3　接头系统的装配性能设计与分析

在接头上设计有斜面导向,可以适应人机协作装配操作过程中出现的操作偏差。分析时以公接头为基准,径向装配方向为 y 方向,接头轴向方向为 z,与 yz 方向正交的径向方向为 x 方向。基于该坐标系,母接头相对于公接头的移动装配允差如图 3.52 所示,其中轴向正向的装配允差是依靠母接头与轴套之间的斜面配合实现的,轴向负向的装配允差依靠母接头与公接头之间的斜面配合实现,而径向方向的装配允差则是由母接头内壁与公接头内衬之间的曲面配合实现。根据图示,在轴向方向装配允差为 −6 ~ +5.5 mm,在径向方向的装配允差为 ±6.66 mm。

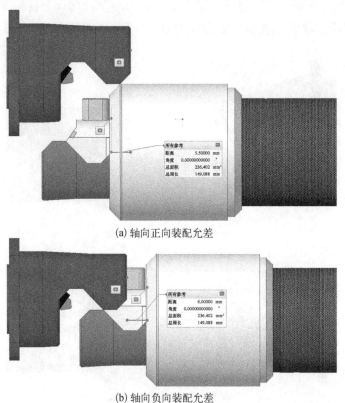

(a) 轴向正向装配允差

(b) 轴向负向装配允差

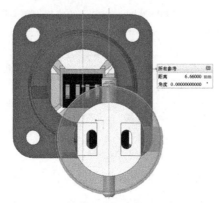

(c) 径向装配允差

图 3.52　接头系统的移动装配允差

图 3.53 中显示了三维转动装配允差,其中绕 x 轴逆向的转动装配允差限制为公母接头牙形尖点,以及母接头与轴套端面,装配允差约为−15.8°;绕 x 轴正向的转动装配允差限制为公母接头牙形与端面接触,装配允差约为+7.9°;绕 y 轴的转动装配允差限制为母接头与公接头内衬的线面配合,装配允差约为±11.2°;绕 z 轴的转动装配允差限制同样为母接头与公接头内衬的线面配合,装配允差约为±9.2°。

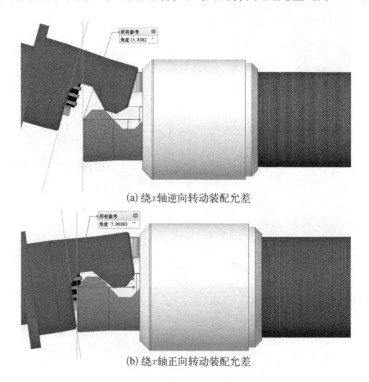

(a) 绕 x 轴逆向转动装配允差

(b) 绕 x 轴正向转动装配允差

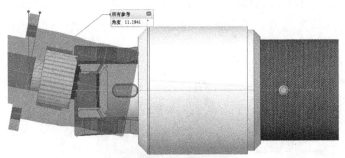

(c) 绕y轴转动装配允差

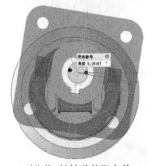

(d) 绕z轴转动装配允差

图 3.53　接头系统的转动装配允差

机器人装配操作的定位精度为位移精度±1 mm,转角精度±1°,该定位精度设计可以满足机器人装配操作的任务要求。接头系统的整体装配允差整理见表 3.4。

表 3.4　接头系统的整体装配允差

类　别	位移/mm		转角/(°)		
	轴向 z	径向 y	x	y	z
机器人精度能力	±1	±1	±1	±1	±1
正向允差	5.5	6.66	7.9	11.2	9.2
逆向允差	−6	−6.66	−15.8	11.2	9.2

3.7　适应人机协同装配的桁架结构装配优化设计

3.7.1　桁架结构装配优化设计

根据装配规划,直立桁架结构将在辅助工装的配合下依次装配各个立方体单元。每个立方体中,方形边框规划为舱内装配,两个方形边框之间的 8 根桁架杆由人机协同舱外装配。桁架组装的最小构件单元为球节点和桁架杆,如图 3.54 所示。

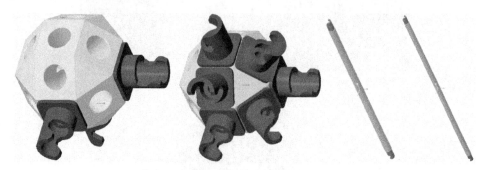

图 3.54   桁架组装的最小构件单元(球节点和桁架杆构型)

舱内装配的方形边框构型构件,其装配完成后结构形式如图 3.55 所示。

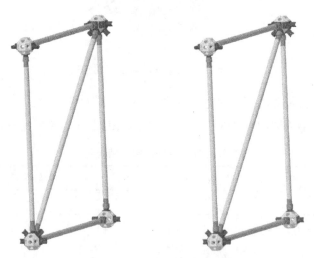

图 3.55   两类方形边框构型

1. 宇航员装配操作能力

宇航员在舱内的操作能力与地面环境相近,但在舱外需要穿着宇航服,操作能力相对较差。

2. 机器人装配操作能力

地面验证过程中,采用了 JAKA Zu12 机器人,产品关键技术参数如表 3.5 所示。

表 3.5　JAKA Zu12 机器人的关键技术参数

参　　数	操 作 能 力	参　　数	操 作 能 力
操作力	120 N	自由度	6
工作半径	1 327 mm	夹爪	定制
重复定位精度	±0.03 mm		

3. 基于装配舒适度的优化

根据宇航员与机器人的操作能力,需对桁架球点外包络、架杆抓取部分外径、地面条件下的装配力进行限定。

从图 3.2 可知,球点设计为半正 26 面体的形式。对于桁架杆,合适选择外径可以为接头部分提供最大的设计空间,同时方便人机协作装配。接头部分受制于强度设计,外径也需要进行限制。

4. 构件的装配质量优化

针对构件装配质量优化,本节采用了如下方法。

(1) 为了简化装配,接头设计中引入两个弹簧,以实现拆装过程中的单步操作。

(2) 在轴套与接头之间引入锥度配合,实现自调心装配。

(3) 轴套与接头作为主要承力件,选用不同材料加工制造,避免了在弹簧压力及真空环境下发生冷焊现象,并提高了装配质量及结构强度。

(4) 除球点外,其他结构装配后具有一定程度的密封性,有利于气、液快速接头的优化设计。球点可通过正方形面上预留的螺栓孔实现单个孔位密封,进而完成整体的密封设计。

(5) 对于供电、信号传输通路,引入信号放大器可有效提高信号传输质量。

3.7.2　整机装配偏差分析

1. 基本假设

桁架结构中的各节点可视为铰接点,因此角位移偏差可在装配中平衡掉,而通过结构单元的静力分析可知,对于 2 000 N 的拉力,1 m 长的桁架杆装配体会在轴向产生 1 mm 的延长。另外,精调后的桁架单元在轴向存在±0.2 mm 的装配误差。考虑到桁架结构内的应力分布,较难出现全部杆内力均达到 2 000 N 的情况,因此给出桁架偏差假设,如表 3.6 所示。

表 3.6   桁架偏差假设

项 目	空 载	荷 载
边轴向偏差 Δ/mm	±0.2	±1

每根杆件均具有调心功能,仅在轴向长度上存在偏差,故可以将每根杆等效为具有最大位移的主动 P 副,那么每根杆可以认为是一个 SPS 支链。考察图 3.56 中要分析的两类直立桁架单元,即正四面体单元和双直角四面体单元。正四面体单元具有 6 个自由度,将正四面体最左侧的边视为静平台,最右侧的边视为动平台,同样可将每一个正四面体等效为 6 自由度的 CPE(圆柱-移动-平面)机构;两侧的双直角四面体简化等效为两个 SPS 支链,这样可得到等效后的结构如图 3.57 和图 3.58 所示。正四面体单元内部的偏差影响 CPE 支链中 PE 运动副及 C 副中移动特征的运动范围,而两个 SPS 支链影响中性面上 C 副中转动特征的运动范围,这样就可以仅讨论一个 CPE 运动链的装配偏差,将 5 个立方体的整体装配偏差进行线性叠加即可得到。

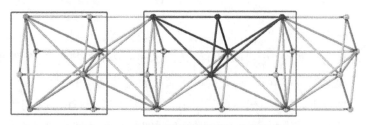

图 3.56   5 m 直立桁架地面样机的单元分解

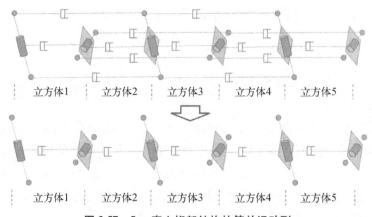

图 3.57   5 m 直立桁架结构的等效运动副

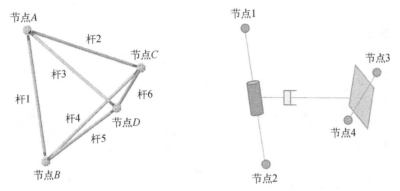

图 3.58　决定立方体装配偏差的正四面体结构及其等效模型

统一选择 m(米)为单位制,后续进行无量纲分析,则立方体边长为 1,而每根杆的偏差为 $\Delta \leqslant 0.001 \ll 1$,因此在计算过程中可以采用小量近似。

2. P 副偏差分析

首先考虑 P 副的运动范围,如图 3.59(图中取 $\Delta = 0.1$,下同)所示为 P 副的极限位置,该位置处正四面体的 4 个球点刚好与某正四棱柱的 4 个顶点重合,由此可以根据几何关系求出 P 副的极限位置,见式(3.40)和式(3.41),

$$P_{\min} = \sqrt{\left(\sqrt{2} - \Delta\right)^2 - \left(1 + \Delta/\sqrt{2}\right)^2} = 1 - 3\Delta/\sqrt{2} = 1 - 2.12\Delta \quad (3.40)$$

$$P_{\max} = \sqrt{\left(\sqrt{2} + \Delta\right)^2 - \left(1 - \Delta/\sqrt{2}\right)^2} = 1 + 3\Delta/\sqrt{2} = 1 + 2.12\Delta \quad (3.41)$$

表 3.7　等效 P 副的极限位置　　　　　　　　(单位: m)

极限位置	杆 1	杆 2	杆 3	杆 4	杆 5	杆 6	P 副
左极限	$\sqrt{2} + \Delta$	$\sqrt{2} - \Delta$	$\sqrt{2} - \Delta$	$\sqrt{2} - \Delta$	$\sqrt{2} - \Delta$	$\sqrt{2} + \Delta$	$1 - 3\Delta/\sqrt{2}$
右极限	$\sqrt{2} - \Delta$	$\sqrt{2} + \Delta$	$\sqrt{2} + \Delta$	$\sqrt{2} + \Delta$	$\sqrt{2} + \Delta$	$\sqrt{2} - \Delta$	$1 + 3\Delta/\sqrt{2}$

3. E 副偏差分析

对于 E 副需要考察两个单元,关于 E 副所在平面对称,如图 3.60 所示。当杆 1、杆 6 的长度分别为 $\sqrt{2} + \varepsilon_1$、$\sqrt{2} + \varepsilon_2(\varepsilon_1, \varepsilon_2 \in [-\Delta, \Delta])$ 时,节点 C 与节点 D 的可行区域中心近似为杆 2、杆 3、杆 4、杆 5 长度均取 $\sqrt{2}$ 时的位置,从而可以确定节点 A、节点 B 的镜像点,即节点 A' 与节点 B' 的位置。

进一步,节点 C、节点 D 与 4 个点之间的距离应为 $\sqrt{2} \pm \Delta$,以这 4 个点为圆心、可行杆长为半径绘制球壳,4 个球壳的公共区域就是节点 C 与节点 D 的可行

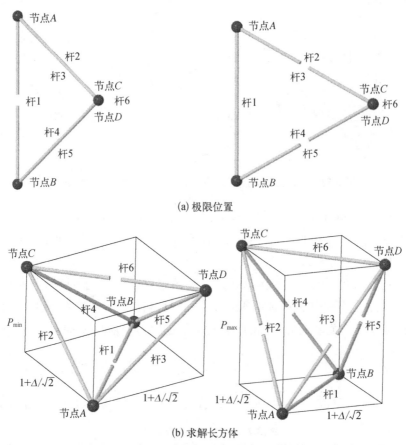

(a) 极限位置

(b) 求解长方体

图 3.59 等效 P 副的极限位置与求解

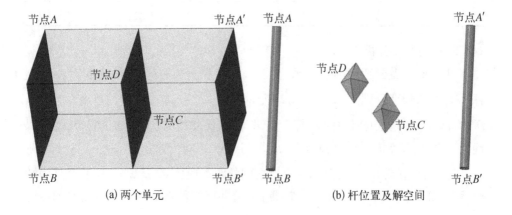

(a) 两个单元   (b) 杆位置及解空间

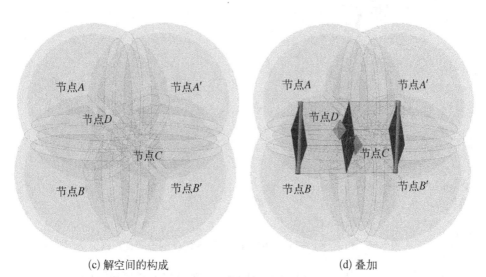

(c) 解空间的构成　　　　　　　　(d) 叠加

图 3.60　等效 E 副的可行域

区域。解空间附近的球面可以近似认为是平面,解空间可以近似认为是对称的八面体区域。解空间的特征尺寸的求解如图 3.61 所示,以杆 1 中点为坐标原点,杆 1 指向杆 6 的公垂线方向为 z 方向,由节点 A 指向节点 B 为 xy 角平分线方向,建立如图 3.61(a)所示的直角坐标系。设杆 6 的中心点在给定坐标系下的三维坐标为(x , y , z),节点 C 指向节点 D 的方向与 x 轴的夹角为 θ;杆 2~5 的长度分别为 $l_2 \sim l_5$,可以得到方程式(3.42)。

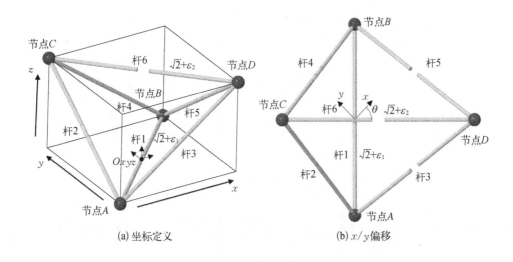

(a) 坐标定义　　　　　　　　　　(b) x/y 偏移

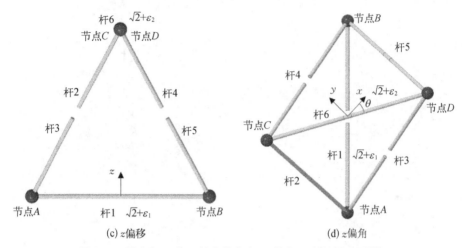

图 3.61 给定杆 1、杆 6 长度的节点 *C*、节点 *D* 的极限位置情况

因为 $|\varepsilon_1|$、$|\varepsilon_2|$、$|x|$、$|y|$、$|\theta+45°|\ll1$，考虑到小量代换可以将式(3.42)整理为式(3.43)。

$$\left\{\begin{aligned}
l_2^2 - z^2 &= \left\{\left[x - \frac{\cos\theta}{2}(\sqrt{2}+\varepsilon_2)\right] - \left(-\frac{1}{2} - \frac{\varepsilon_1}{2\sqrt{2}}\right)\right\}^2 \\
&\quad + \left\{\left[y - \frac{\sin\theta}{2}(\sqrt{2}+\varepsilon_2)\right] - \left(-\frac{1}{2} - \frac{\varepsilon_1}{2\sqrt{2}}\right)\right\}^2 \\
l_3^2 - z^2 &= \left\{\left[x + \frac{\cos\theta}{2}(\sqrt{2}+\varepsilon_2)\right] - \left(-\frac{1}{2} - \frac{\varepsilon_1}{2\sqrt{2}}\right)\right\}^2 \\
&\quad + \left\{\left[y + \frac{\sin\theta}{2}(\sqrt{2}+\varepsilon_2)\right] - \left(-\frac{1}{2} - \frac{\varepsilon_1}{2\sqrt{2}}\right)\right\}^2 \\
l_4^2 - z^2 &= \left\{\left[x - \frac{\cos\theta}{2}(\sqrt{2}+\varepsilon_2)\right] - \left(\frac{1}{2} + \frac{\varepsilon_1}{2\sqrt{2}}\right)\right\}^2 \\
&\quad + \left\{\left[y - \frac{\sin\theta}{2}(\sqrt{2}+\varepsilon_2)\right] - \left(\frac{1}{2} + \frac{\varepsilon_1}{2\sqrt{2}}\right)\right\}^2 \\
l_5^2 - z^2 &= \left\{\left[x + \frac{\cos\theta}{2}(\sqrt{2}+\varepsilon_2)\right] - \left(\frac{1}{2} + \frac{\varepsilon_1}{2\sqrt{2}}\right)\right\}^2 \\
&\quad + \left\{\left[y + \frac{\sin\theta}{2}(\sqrt{2}+\varepsilon_2)\right] - \left(\frac{1}{2} + \frac{\varepsilon_1}{2\sqrt{2}}\right)\right\}^2
\end{aligned}\right. \tag{3.42}$$

$$\begin{cases} l_2^2 - z^2 = 1 + 2y + (\varepsilon_1 + \varepsilon_2)/\sqrt{2} - \delta_\theta \\ l_3^2 - z^2 = 1 + 2x + (\varepsilon_1 + \varepsilon_2)/\sqrt{2} + \delta_\theta \\ l_4^2 - z^2 = 1 - 2x + (\varepsilon_1 + \varepsilon_2)/\sqrt{2} + \delta_\theta \\ l_5^2 - z^2 = 1 - 2y + (\varepsilon_1 + \varepsilon_2)/\sqrt{2} - \delta_\theta \end{cases} \tag{3.43}$$

式中，$\delta_\theta = \theta + 45°$。

代入表 3.8 中的杆长条件并解方程组，取 $z > 0$ 的解，可以求得表 3.9 最后两列的基准值与偏差值。式(3.44)是分别代入第 1、3、6、9 行参数所得的解。

$$\begin{cases} x = 0 \\ y = 0 \\ z = z_0 \\ \delta_\theta = 0 \end{cases}, \begin{cases} x = \sqrt{2}\Delta \\ y = -\sqrt{2}\Delta \\ z = z_0 \\ \delta_\theta = 0 \end{cases}, \begin{cases} x = 0 \\ y = 0 \\ z = z_0 + \sqrt{2}\Delta \\ \delta_\theta = 0 \end{cases}, \begin{cases} x = 0 \\ y = 0 \\ z = z_0 \\ \delta_\theta = -2\sqrt{2}\Delta \end{cases} \tag{3.44}$$

式中，$z_0 = 1 - \dfrac{\sqrt{2}}{4}(\varepsilon_1 + \varepsilon_2)$。

表 3.8　等效 E 副的极限位置与偏差

序号	指标	单位	杆1	杆2	杆3	杆4	杆5	杆6	基准	偏差
1	基准	m	$\sqrt{2}+\varepsilon_1$	$\sqrt{2}$	$\sqrt{2}$	$\sqrt{2}$	$\sqrt{2}$	$\sqrt{2}+\varepsilon_2$	—	—
2	(x,y)	m	$\sqrt{2}+\varepsilon_1$	$\sqrt{2}+\Delta$	$\sqrt{2}+\Delta$	$\sqrt{2}-\Delta$	$\sqrt{2}-\Delta$	$\sqrt{2}+\varepsilon_2$	$(0,0)$	$(\sqrt{2}\Delta, \sqrt{2}\Delta)$
3	(x,y)	m	$\sqrt{2}+\varepsilon_1$	$\sqrt{2}-\Delta$	$\sqrt{2}+\Delta$	$\sqrt{2}-\Delta$	$\sqrt{2}+\Delta$	$\sqrt{2}+\varepsilon_2$	$(0,0)$	$(\sqrt{2}\Delta, -\sqrt{2}\Delta)$
4	(x,y)	m	$\sqrt{2}+\varepsilon_1$	$\sqrt{2}-\Delta$	$\sqrt{2}-\Delta$	$\sqrt{2}+\Delta$	$\sqrt{2}+\Delta$	$\sqrt{2}+\varepsilon_2$	$(0,0)$	$(-\sqrt{2}\Delta, -\sqrt{2}\Delta)$
5	(x,y)	m	$\sqrt{2}+\varepsilon_1$	$\sqrt{2}+\Delta$	$\sqrt{2}-\Delta$	$\sqrt{2}+\Delta$	$\sqrt{2}-\Delta$	$\sqrt{2}+\varepsilon_2$	$(0,0)$	$(-\sqrt{2}\Delta, \sqrt{2}\Delta)$
6	z	m	$\sqrt{2}+\varepsilon_1$	$\sqrt{2}+\Delta$	$\sqrt{2}+\Delta$	$\sqrt{2}+\Delta$	$\sqrt{2}+\Delta$	$\sqrt{2}+\varepsilon_2$	$1-\dfrac{\sqrt{2}(\varepsilon_1+\varepsilon_2)}{4}$	$\sqrt{2}\Delta$
7	z	m	$\sqrt{2}+\varepsilon_1$	$\sqrt{2}-\Delta$	$\sqrt{2}-\Delta$	$\sqrt{2}-\Delta$	$\sqrt{2}-\Delta$	$\sqrt{2}+\varepsilon_2$	$1-\dfrac{\sqrt{2}(\varepsilon_1+\varepsilon_2)}{4}$	$-\sqrt{2}\Delta$
8	θ	1	$\sqrt{2}+\varepsilon_1$	$\sqrt{2}+\Delta$	$\sqrt{2}-\Delta$	$\sqrt{2}-\Delta$	$\sqrt{2}+\Delta$	$\sqrt{2}+\varepsilon_2$	$-\pi/4$	$2\sqrt{2}\Delta$
9	θ	1	$\sqrt{2}+\varepsilon_1$	$\sqrt{2}-\Delta$	$\sqrt{2}+\Delta$	$\sqrt{2}+\Delta$	$\sqrt{2}-\Delta$	$\sqrt{2}+\varepsilon_2$	$-\pi/4$	$-2\sqrt{2}\Delta$

与图 3.60 类似，固定 ε_1 和 ε_2 后，C、D 两点的解空间均近似为对称八面体，八面体的中性面为边长为 $2\sqrt{2}\Delta$ 的正方形，两边与 x、y 轴平行，z 轴方向两顶点

关于中性面对称且连线穿过正方形几何中心,连线长度为 $2\sqrt{2}\Delta$,如图 3.62 所示。根据式(3.44)及表 3.8 中得到的基准点坐标,可以推导节点 C、节点 D 的可行域几何中心的坐标为

$$
\begin{cases}
x_C = -\dfrac{1}{2} - \dfrac{\varepsilon_2}{2\sqrt{2}} & x_D = \dfrac{1}{2} + \dfrac{\varepsilon_2}{2\sqrt{2}} \\[3mm]
y_C = \dfrac{1}{2} + \dfrac{\varepsilon_2}{2\sqrt{2}} &, \quad y_D = -\dfrac{1}{2} - \dfrac{\varepsilon_2}{2\sqrt{2}} \\[3mm]
z_C = 1 - \dfrac{\varepsilon_1 + \varepsilon_2}{2\sqrt{2}} & z_D = 1 - \dfrac{\varepsilon_1 + \varepsilon_2}{2\sqrt{2}}
\end{cases}
\tag{3.45}
$$

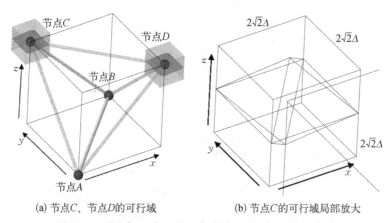

(a) 节点 C、节点 D 的可行域　　　　(b) 节点 C 的可行域局部放大

图 3.62　给定杆 1、杆 6 长度的节点 C、节点 D 的解空间

4. PE 运动副的合成偏差

从式(3.45)可以看出,节点 C、节点 D 的中心的坐标是参数 ε_1、ε_2 的函数,代入 ε_1、ε_2 的左右极值可以得到节点 C、节点 D 的几何中心可行域,见图 3.63。将图 3.62 的解空间沿着图 3.63 的可行域进行扫略,即可得到 PE 运动副导致的装配偏差空间。

进一步可以绘制 PE 运动副导致的节点 C 位移偏差,如图 3.64 所示。

5. 2 - SPS 支链导致的 C 副偏差分析

对于 C 副中的移动特征,与 E 副中的移动特征重复,故未讨论 C 副中的转动特征。对于 C 副中的转动特征,同样需要考察两个单元,如图 3.65 所示,可认为该转动特征导致相邻两平面发生了微小偏角。C 副转动特征所能实现的转动范围,就是该偏角的偏差取值范围。

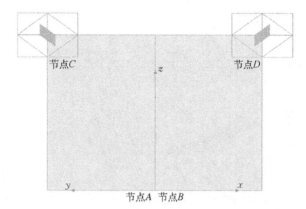

图 3.63　节点 C、节点 D 解空间的几何中心可行域

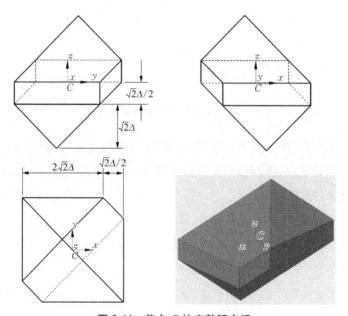

图 3.64　节点 C 的完整解空间

考察图 3.65 中各节点在当前面的投影位置,根据 PE 副的偏差分析可知,节点 C 的可行域的 z 坐标极限为 $1\pm3\Delta/\sqrt{2}$,而节点 A' 和节点 B' 的 z 坐标极限为 $2\pm2\Delta$,节点 A'、B' 与节点 A、B 关于面 2 对称,可得

$$\frac{1}{2}z_{A'}-z_C=z_C-\frac{1}{2}z_{B'}$$

$$\Rightarrow\begin{cases}z_{A'}=4z_C-z_{B'}\\z_{B'}=4z_C-z_{A'}\end{cases}\qquad(3.46)$$

则偏角 φ 可求得为

$$\varphi = \sin \varphi = \frac{z_{A'} - z_{B'}}{\sqrt{(x_{A'} - x_{B'})^2 + (y_{A'} - y_{B'})^2}} = \frac{z_{A'} - z_{B'}}{\sqrt{2}} = \frac{2z_{A'} - 4z_C}{\sqrt{2}} \quad (3.47)$$

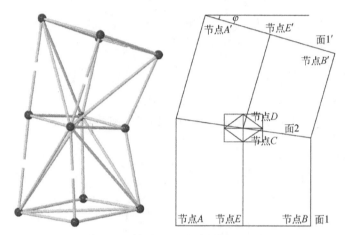

图 3.65 等效 C 副移动特征的偏转

需要注意的是,由于偏角 φ 的计算用到了 z 方向偏差,表明偏角 φ 与其他偏差不独立。结合式(3.46)和式(3.47),假设节点 A' 的高度高于节点 B',并固定 z_C 讨论偏角 φ 的范围:

假设

$$z_{A'} = 2 + \varepsilon_A, \quad z_{B'} = 2 + \varepsilon_B, \quad z_C = 1 + \varepsilon_C$$

其中

$$\varepsilon_A \text{、} \varepsilon_B \in [-2\Delta, 2\Delta], \quad \varepsilon_B \leqslant 2\varepsilon_C \leqslant \varepsilon_A, \quad \varepsilon_C \in [-3\Delta/\sqrt{2}, 3\Delta/\sqrt{2}]$$

则有

$$\varphi = \min\left\{\frac{2z_{A'} - 4z_C}{\sqrt{2}}, \quad \frac{4z_C - 2z_{B'}}{\sqrt{2}}\right\}, \quad \varepsilon_C \in [-\Delta, \Delta]$$

$$\Rightarrow \quad \varphi = \min\left\{\sqrt{2}\varepsilon_A - 2\sqrt{2}\varepsilon_C, \quad 2\sqrt{2}\varepsilon_C - \sqrt{2}\varepsilon_B\right\}$$

即

$$\begin{cases} \varphi \leqslant 2\sqrt{2}(\Delta - |\varepsilon_C|) \leqslant 2\sqrt{2}\Delta \\ \varphi/2 \leqslant \sqrt{2}(\Delta - |\varepsilon_C|) \leqslant \sqrt{2}\Delta \end{cases} \quad (3.48)$$

偏角 $\varphi/2$ 为面 2 相对于面 1 的偏角,5 m 桁架的等效 C 副是交错布置的,因此对于一个立方体单元,可以认为面 2 相对于面 1 在两个面对角线方向各存在为 $\varphi/2$ 的偏角。对于小转角可进行矢量分解,根据式(3.48)可以绘制一个单元内偏角的分布空间(图 3.66),分布空间中每个点代表一个转动,该转动的方向为 z 轴指向该点的垂直矢量方向,转动大小为该矢量的模长,各顶点坐标见表 3.9。

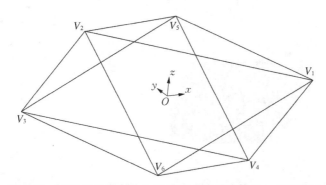

图 3.66　过节点 C 与节点 D 的 C 副转动特征偏角 φ 的可行域

表 3.9　偏角 φ 的可行域顶点坐标

顶　点	坐标(分量)			
	x	y	z	$(x,\ y,\ z)$
V_1	$2\sqrt{2}\Delta$	0	0	$(2\sqrt{2}\Delta,\ 0,\ 0)$
V_2	0	$2\sqrt{2}\Delta$	0	$(0,\ 2\sqrt{2}\Delta,\ 0)$
V_3	$-2\sqrt{2}\Delta$	0	0	$(-2\sqrt{2}\Delta,\ 0,\ 0)$
V_4	0	$-2\sqrt{2}\Delta$	0	$(0,\ -2\sqrt{2}\Delta,\ 0)$
V_5	0	0	Δ	$(0,\ 0,\ \Delta)$
V_6	0	0	$-\Delta$	$(0,\ 0,\ -\Delta)$

6. 2－SPS 支链导致的 PE 副偏差修正

式(3.48)表明,受到等效 2－SPS 支链的影响,z_C 的极限值无法达到表 3.7 和表 3.8 的范围。因此,图 3.64 中需要修正掉超出 $\pm\Delta$ 的部分,修正后的解空间如图 3.67 所示。

7. 立方体结构单元等效合成偏差

立方体结构单元等效合成偏差由两部分组成,分别是 PE 副造成的三维移动偏差和绕着拓展方向 z 的一维转动偏差,以及 C 副造成的绕其他两方向的二

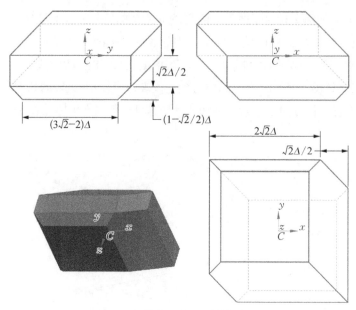

图 3.67　节点 C 修正后的解空间

维转动偏差。六维偏差范围均是 z 的函数,因此以变量 z 为参数,讨论立方体结构单元的六维等效偏差。

考察图 3.65 立方体中面 2 的等效极限偏差,初始位姿为无偏差的位姿。首先考察三维偏移:根据图 3.67,有

$$
\begin{cases}
\delta x_{\max} = \begin{cases}
\dfrac{7}{2\sqrt{2}}\Delta + \delta z, & \delta z \in \left[-\Delta, \Delta/\sqrt{2}\right] \\[2mm]
\dfrac{5}{2\sqrt{2}}\Delta, & \delta z \in \left(-\Delta/\sqrt{2}, 0\right] \\[2mm]
\dfrac{5}{2\sqrt{2}}\Delta - \delta z, & \delta z \in (0, \Delta]
\end{cases} \\[12mm]
\delta y_{\max} = \begin{cases}
\dfrac{5}{2\sqrt{2}}\Delta + \delta z, & \delta z \in [-\Delta, 0] \\[2mm]
\dfrac{5}{2\sqrt{2}}\Delta, & \delta z \in \left(0, \Delta/\sqrt{2}\right] \\[2mm]
\dfrac{7}{2\sqrt{2}}\Delta - \delta z, & \delta z \in \left(\Delta/\sqrt{2}, \Delta\right]
\end{cases} \\[12mm]
\delta z_{\max} = \Delta
\end{cases}
\tag{3.49}
$$

$$
\delta x_{\min} = \begin{cases} -\dfrac{5}{2\sqrt{2}}\Delta - \delta z, & \delta z \in [-\Delta, 0] \\[2mm] -\dfrac{5}{2\sqrt{2}}\Delta, & \delta z \in (0, \Delta/\sqrt{2}] \\[2mm] -\dfrac{7}{2\sqrt{2}}\Delta + \delta z, & \delta z \in (\Delta/\sqrt{2}, \Delta] \end{cases}
$$

$$
\delta y_{\min} = \begin{cases} -\dfrac{7}{2\sqrt{2}}\Delta - \delta z, & \delta z \in [-\Delta, -\Delta/\sqrt{2}] \\[2mm] -\dfrac{5}{2\sqrt{2}}\Delta, & \delta z \in (-\Delta/\sqrt{2}, 0] \\[2mm] -\dfrac{5}{2\sqrt{2}}\Delta + \delta z, & \delta z \in (0, \Delta] \end{cases} \tag{3.50}
$$

$$
\delta z_{\min} = -\Delta
$$

再考察三维偏转,根据式(3.44)、表 3.8 与图 3.67,可得

$$
\delta_{\theta z\max} = \begin{cases} 3\sqrt{2}\Delta + 2\delta z, & \delta z \in [-\Delta, -\Delta/\sqrt{2}] \\[2mm] 2\sqrt{2}\Delta, & \delta z \in [-\Delta/\sqrt{2}, \Delta/\sqrt{2}] \\[2mm] 3\sqrt{2}\Delta - 2\delta z, & \delta z \in [\Delta/\sqrt{2}, \Delta] \end{cases}
$$

$$
\delta_{\theta z\min} = \begin{cases} -3\sqrt{2}\Delta - 2\delta z, & \delta z \in [-\Delta, -\Delta/\sqrt{2}] \\[2mm] -2\sqrt{2}\Delta, & \delta z \in [-\Delta/\sqrt{2}, \Delta/\sqrt{2}] \\[2mm] -3\sqrt{2}\Delta + 2\delta z, & \delta z \in [\Delta/\sqrt{2}, \Delta] \end{cases} \tag{3.51}
$$

根据式(3.48)、图 3.67 及表 3.9,有

$$
\begin{cases} \delta_{\theta x\max} = \delta_{\theta y\max} = \sqrt{2}(\Delta - |\delta z|) \\[2mm] \delta_{\theta x\min} = \delta_{\theta y\min} = -\sqrt{2}(\Delta - |\delta z|) \end{cases} \tag{3.52}
$$

综上所述:

$$
\begin{cases} \delta x_{\max} = \dfrac{5}{2\sqrt{2}}\Delta & \delta x_{\min} = -\dfrac{5}{2\sqrt{2}}\Delta \\[3mm] \delta y_{\max} = \dfrac{5}{2\sqrt{2}}\Delta, & \delta y_{\min} = -\dfrac{5}{2\sqrt{2}}\Delta \\[3mm] \delta z_{\max} = \Delta & \delta z_{\min} = -\Delta \end{cases} \tag{3.53}
$$

$$\begin{cases} \delta\theta_{x\max} = \sqrt{2}\Delta & \delta\theta_{x\min} = -\sqrt{2}\Delta \\ \delta\theta_{y\max} = \sqrt{2}\Delta \ , & \delta\theta_{y\min} = -\sqrt{2}\Delta \\ \delta\theta_{z\max} = 2\sqrt{2}\Delta & \delta\theta_{z\min} = -2\sqrt{2}\Delta \end{cases} \tag{3.54}$$

在面 2 六维偏差的基础上,考察节点 C 的三维点偏差。面 2 上其他节点的偏差与节点 C 分布一致,将面 2 视为刚体,坐标系的建立与图 3.61 相似,仅将坐标原点移至节点 C 与节点 D 的中点,坐标方向与 AB 杆上的坐标系一致。在该坐标系下,节点 C 的齐次坐标为

$$p_C = (-1/2, \quad 1/2, \quad 0, \quad 1)^T \tag{3.55}$$

面 2 的 6 自由度刚体齐次变换矩阵分别为

$$\begin{cases} R_x = \begin{bmatrix} 1 & & & \\ & 1 & -\delta\theta_x & \\ & \delta\theta_x & 1 & \\ & & & 1 \end{bmatrix}, & R_y = \begin{bmatrix} 1 & & \delta\theta_y & \\ & 1 & & \\ -\delta\theta_y & & 1 & \\ & & & 1 \end{bmatrix} \\ \\ R_z = \begin{bmatrix} 1 & -\delta\theta_z & & \\ \delta\theta_z & 1 & & \\ & & 1 & \\ & & & 1 \end{bmatrix}, & t_{xyz} = \begin{bmatrix} 1 & & & \delta x \\ & 1 & & \delta y \\ & & 1 & \delta z \\ & & & 1 \end{bmatrix} \end{cases} \tag{3.56}$$

连乘后得到

$$\begin{cases} R_{xyz} = R_x R_y R_z = \begin{bmatrix} 1 & -\delta\theta_z & \delta\theta_y & \\ \delta\theta_z & 1 & -\delta\theta_x & \\ -\delta\theta_y & \delta\theta_x & 1 & \\ & & & 1 \end{bmatrix} \\ \\ T = R_{xyz} t_{xyz} = \begin{bmatrix} 1 & -\delta\theta_z & \delta\theta_y & \delta x \\ \delta\theta_z & 1 & -\delta\theta_x & \delta y \\ -\delta\theta_y & \delta\theta_x & 1 & \delta z \\ & & & 1 \end{bmatrix} \end{cases} \tag{3.57}$$

节点 C 经过六维位姿变换后的位置 C' 为

$$p_{C'} = Tp_C = \begin{pmatrix} \delta x - \delta\theta_z/2 - 1/2 \\ \delta y - \delta\theta_z/2 + 1/2 \\ \delta z + \delta\theta_x/2 + \delta\theta_y/2 \\ 1 \end{pmatrix} \tag{3.58}$$

节点 C 的偏差值为

$$\delta p_C = p_{C'} - p_C = \begin{pmatrix} \delta x - \delta\theta_z/2 \\ \delta y - \delta\theta_z/2 \\ \delta z + \delta\theta_x/2 + \delta\theta_y/2 \end{pmatrix} \tag{3.59}$$

式中，δp_C 的 x、y 坐标组成分量不独立，合成后的区域应与图 3.67 一致；z 坐标组成分量 $\delta\theta_x$ 与 $\delta\theta_y$ 不独立，合成后的区域与图 3.67 一致，但合成后与 δz 相互独立，于是式 (3.59) 可以整理为

$$\delta p_{C\max} = \begin{cases} \left[\dfrac{7}{2\sqrt{2}}\Delta + \delta z, \dfrac{5}{2\sqrt{2}}\Delta + \delta z, \sqrt{2}\Delta + (1+\sqrt{2})\delta z \right]^{\mathrm{T}}, & \delta z \in \left[-\Delta, -\Delta/\sqrt{2} \right] \\[3mm] \left[\dfrac{5}{2\sqrt{2}}\Delta, \dfrac{5}{2\sqrt{2}}\Delta + \delta z, \sqrt{2}\Delta + (1+\sqrt{2})\delta z \right]^{\mathrm{T}}, & \delta z \in \left(-\Delta/\sqrt{2}, 0 \right] \\[3mm] \left[\dfrac{5}{2\sqrt{2}}\Delta - \delta z, \dfrac{5}{2\sqrt{2}}\Delta, \sqrt{2}\Delta + (1-\sqrt{2})\delta z \right]^{\mathrm{T}}, & \delta z \in \left(0, \Delta/\sqrt{2} \right] \\[3mm] \left[\dfrac{5}{2\sqrt{2}}\Delta - \delta z, \dfrac{7}{2\sqrt{2}}\Delta - \delta z, \sqrt{2}\Delta + (1-\sqrt{2})\delta z \right]^{\mathrm{T}}, & \delta z \in \left(\Delta/\sqrt{2}, \Delta \right] \end{cases} \tag{3.60}$$

$$\delta p_{C\min} = \begin{cases} \left[-\dfrac{5}{2\sqrt{2}}\Delta - \delta z, -\dfrac{7}{2\sqrt{2}}\Delta - \delta z, -\sqrt{2}\Delta + (1-\sqrt{2})\delta z \right]^{\mathrm{T}}, & \delta z \in \left[-\Delta, -\Delta/\sqrt{2} \right] \\[3mm] \left[-\dfrac{5}{2\sqrt{2}}\Delta - \delta z, -\dfrac{5}{2\sqrt{2}}\Delta, -\sqrt{2}\Delta + (1-\sqrt{2})\delta z \right]^{\mathrm{T}}, & \delta z \in \left(-\Delta/\sqrt{2}, 0 \right] \\[3mm] \left[-\dfrac{5}{2\sqrt{2}}\Delta, -\dfrac{5}{2\sqrt{2}}\Delta + \delta z, -\sqrt{2}\Delta + (1+\sqrt{2})\delta z \right]^{\mathrm{T}}, & \delta z \in \left(0, \Delta/\sqrt{2} \right] \\[3mm] \left[-\dfrac{7}{2\sqrt{2}}\Delta + \delta z, -\dfrac{5}{2\sqrt{2}}\Delta + \delta z, -\sqrt{2}\Delta + (1+\sqrt{2})\delta z \right]^{\mathrm{T}}, & \delta z \in \left(\Delta/\sqrt{2}, \Delta \right] \end{cases} \tag{3.61}$$

代入 δz 得到：

$$\delta p_{C\max} = -\delta p_{C\min} = \left(\frac{5}{2\sqrt{2}}\Delta, \ \frac{5}{2\sqrt{2}}\Delta, \ \sqrt{2}\Delta \right)^{\mathrm{T}} \tag{3.62}$$

8.5 m 桁架装配偏差

在小位移条件下,5 m 桁架的装配偏差是 5 个立方体单元装配偏差的线性叠加。由式(3.53)、式(3.54)、式(3.62)可得,5 m 桁架的最大刚体位移装配偏差为

$$\begin{cases} \delta x_{5\,\mathrm{m}} = \pm \dfrac{25}{2\sqrt{2}}\Delta, & \delta \theta_{x5\,\mathrm{m}} = \pm 5\sqrt{2}\Delta \\[2mm] \delta y_{5\,\mathrm{m}} = \pm \dfrac{25}{2\sqrt{2}}\Delta, & \delta \theta_{y5\,\mathrm{m}} = \pm 5\sqrt{2}\Delta \\[2mm] \delta z_{5\,\mathrm{m}} = \pm 5\Delta, & \delta \theta_{z5\,\mathrm{m}} = \pm 10\sqrt{2}\Delta \end{cases} \tag{3.63}$$

节点最大点位移偏差:

$$\delta p_{5\,\mathrm{m}} = \left(\pm \frac{25}{2\sqrt{2}}\Delta, \ \pm \frac{25}{2\sqrt{2}}\Delta, \ \pm 5\sqrt{2}\Delta \right)^{\mathrm{T}} \tag{3.64}$$

代入表 3.6 中的偏差值可得 5 m 桁架装配偏差,见表 3.10。

表 3.10　5 m 桁架装配偏差　　　　（单位: mm）

状态	指　标	δx	δy	δz	$\delta \theta_x$	$\delta \theta_y$	$\delta \theta_z$
空载	刚体位移	1.77	1.77	1.00	1.41	1.41	2.82
	节点位移	1.77	1.77	1.41	—	—	—
满载	刚体位移	8.84	8.84	5.00	7.07	7.07	14.14
	节点位移	8.84	8.84	7.07	—	—	—

3.7.3　接头系统间隙及刚度分析

根据接头结构(图 3.68),定义两组表征装配余隙的仿真对比参数。

(1) 公母接头间余隙 Δ_1,影响拉压过程中的接头相对位置,如图 3.69 所示,根据尺寸要求,可取 0.12~0.19 mm。

(2) 轴套与接头间余隙 Δ_2,影响轴套与接头间在 x 方向上的相对位置,通过

改变母接头最大外径(13.77~13.81 mm)来控制。在部件其他尺寸不变的情况下,固定接触面对 A 的间隙为 0.06 mm,运用控制变量法研究 Δ_1、Δ_2 的变化对轴向刚度性质的影响,进行两组有限元仿真,具体取值由表 3.11 给出。

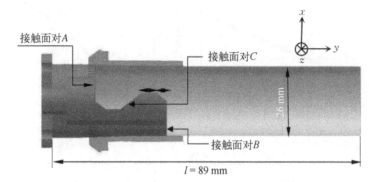

图 3.68　径向装配接头的简化模型及尺寸参数

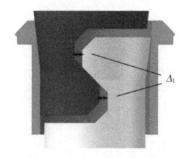

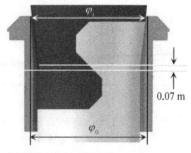

(a) 公母接头间在拉伸过程中所产生的余隙Δ_1　　(b) 母接头与轴套间余隙$\Delta_2 = \varphi_0 - \varphi_i$

图 3.69　余隙 Δ_1、Δ_2 位置及定义

表 3.11　两组仿真试验相关余隙取值

第一组	$\Delta_1 = 0.12$ mm				
Δ_2/mm	0	0.016	0.032	0.048	0.064
对应母接头最大外径/mm	13.81	13.80	13.79	13.78	13.77
第二组	$\Delta_2 = 0.044$ mm				
Δ_1/mm	0.12	0.137 5	0.155	0.172 5	0.19

代入 CAE 软件中分析可得,接头部分拉压过程的刚度存在明显的非线性,如图 3.70 所示,虚线为各阶段两侧渐近线,拐点对应载荷即为渐近线交点连线

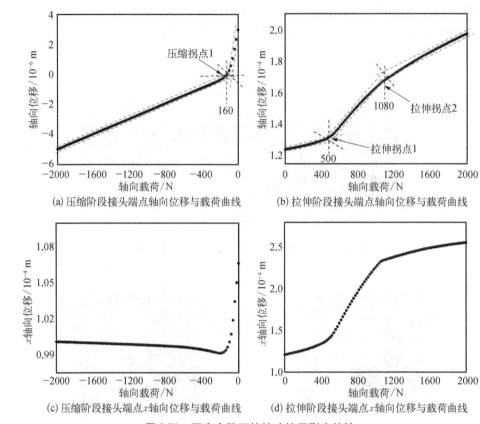

图 3.70　固定余隙下的接头拉压刚度特性

中点对应载荷。

　　而余隙对接头刚度的影响见图 3.71,在不同余隙情况下,各阶段刚度值相近。在[-2 000 N, 2 000 N]的载荷区间范围内,拉伸和压缩阶段中,第一阶段的轴向刚度在 0 N 对应点的两侧邻域取等效极限值;拉伸阶段中,第二阶段的轴向刚度在拐点 1 右邻域取等效极限值;拉伸阶段中的第三阶段只在 Δ_1 取最小值、Δ_2 取较大值时才存在,其与压缩阶段中的第二阶段于 2 000 N 对应点邻域取等效极限值。

　　对于图 3.70,合并拉伸与压缩阶段的刚度特性并整理,可以得到图 3.72 中的接头在整个拉压过程中的刚度变化曲线,近似为五阶段的分段线性刚度曲线(载荷基准 W_{t2} = 2 000 N)。其中,压缩过程存在两个阶段,拉伸过程存在三个阶段,各阶段特性如下。

（1）压缩阶段中,第二阶段的轴向压载荷 $W>300$ N,轴套在压载荷作用下不发生位移,接头刚性主要受公母接头的材料刚性的影响。

（2）压缩阶段中,第一阶段的轴向压载荷 $0<W<300$ N,轴套在压载荷作用下存在位移,接头刚性受公母接头材料刚性及轴套弹簧刚性的耦合影响。

（3）拉伸阶段的第一阶段,轴向拉载荷为 $0<W<940$ N,轴套在拉载荷作用下存在位移,接头刚性受公母接头材料刚性及轴套弹簧刚性的耦合影响。

（4）拉伸阶段的第二阶段,轴向拉载荷为 940 N$<W<2\,000$ N,轴套在拉载荷作用下未产生位移,接头刚性受公母接头及轴套的材料刚性的耦合影响。

（5）拉伸阶段的第三阶段,轴向拉载荷 $W>2\,000$ N,轴套在拉载荷作用下发生形变,接头刚性受公母接头及轴套材料刚性的耦合影响。

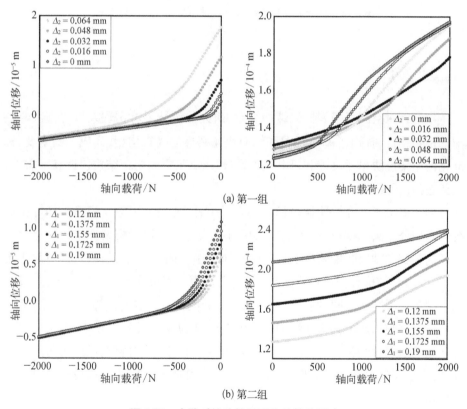

图 3.71 余隙对接头拉压刚度特性的影响

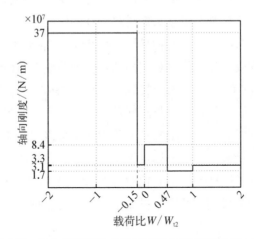

图 3.72　径向装配接头分段线性轴向刚度与载荷比关系

3.8　小结

本章针对空间可拓展桁架结构平台,研究并设计了可实现人机协作快速装配的桁架构件,提出了基于径向和轴向快速装拆的接头构型,完成了高刚度、标准化的桁架模块单元设计和机电接口设计,以满足空间桁架结构快速装配需求,主要包括以下内容。

(1) 提出了一套快速插拔接头的设计方法,并建立了数学模型。杆件接头统一采用公接头,球节点接头统一采用母接头。将可拓展桁架标准模块单元分为径向装配和轴向装配两种形式,其中径向装配用于一般装配场合,还可用于实现单件装配、结构补强的需求;轴向装配主要用于模块化单元之间的连接,或结构基础与拓展结构之间的连接,在模组之间装配具有一定的优势。

(2) 完整构建了接头系统的设计体系框架,明确了接头系统中包含的概念,并从拓扑层、结构层、动力层三个主要方面展开了讨论:对接头系统进行了拓扑抽象,形成了符号化描述,建立了状态及方案之间的关系,为结构设计提供了参考依据。

(3) 为实现大型可扩展桁架结构的高精度、高刚度组装,以及人机协作装配操作的便利化,设计迭代了 7 版径向装配接头,并加工得到了 4 版样件;设计迭代了 3 版轴向装配接头,并加工得到了 2 版样件;设计迭代了 2 版用于供电、信息传输的接插件形式。采用最终迭代版本的两类接头可以实现快速装拆和数据传输,满足人机协作装配的任务需求。

（4）为了满足大型桁架结构组装后的基频、强度和刚度等要求,并充分考虑人机协同装配的适应性和便利性,对标准模块单元进行了结构优化减重设计,仿真分析并验证了模块单元的各向承载性能、装配设计允差和接头配合间隙。最终迭代版本的径向装配接头系统的减重比例达到58.2%、整体强度约提高50%; 5 m 直立桁架地面样机的减重比例达 44.8%,减重效果显著。

（5）分析了宇航员与机器人的操作能力,从舒适度、装配质量、操作精度等多方面对桁架结构进行了优化设计与分析,获得了满足机器人装配操作精度要求和人机协作装配任务需求的装配允差:一个球节点-桁架杆-球节点单元的轴向线性装配空载允差优于±0.2 mm;轴套与接头之间的间隙对接头连接刚度影响较小,接头在承受拉压载荷时表现为五阶段的分段线性刚度特性。

第 4 章

人机协作装配的任务规划

本章对空间直立桁架单元装配任务进行分析并建立相应的任务模型,基于空间环境下的人机能力特点,制定空间直立桁架单元人机装配任务分配策略,并对装配任务分配方案进行仿真与地面验证,为创建中央控制器软件及遥操作图形用户界面软件奠定基础。

4.1　桁架装配的人机协作模式

依据不同的特征,可将人机交互(human-robot interaction,HRI)分为多个子类型(图 4.1)。机器人与人同时工作,但二者相互独立,称为人机共存(human-robot coexistence);当机器人与人共同实现同一个任务时间与空间的需求时,称

图 4.1　人机交互

为人机合作(human-robot cooperation);而当机器人与人产生直接交互(触觉、视
觉或听觉)时,称为人机协作(human-robot collaboration)。用于装配与制造的协
作机器人被列为工业 4.0 支撑技术之一。

4.1.1　典型人机协同工作方式

在人机协作完成装配任务的过程中,存在三种典型的协同工作方式: 并行
协同作业、串行协同作业、人机协同作业。

1. 并行协同作业

人和机器人在同一时间内分别完成不同操作的过程,体现了协同工作中的
并行协同作业方式,如图 4.2 所示。

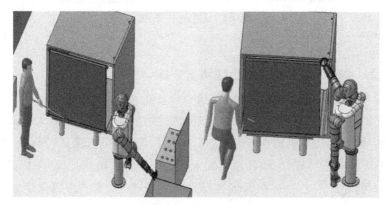

图 4.2　人机并行协同作业

2. 串行协同作业

人和机器人按照时间次序,依次完成各自的操作,体现了协同工作中的串行
协同作业方式,如图 4.3 所示。

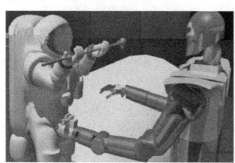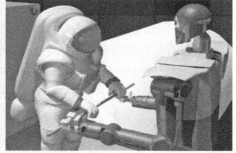

图 4.3　人机串行协同作业

3. 人机协同作业

人和机器人在同一时间内完成同一装配动作的过程,体现了协同工作中的人机协同作业,如图 4.4 所示。

图 4.4　人机协同作业

4.1.2　空间环境下的人机功能特点分析

机器人作为在对人体有危险区域执行任务的工具,已在太空探索领域引起了革命。高度灵巧的空间机器人的出现极大地增加了人类和机器人在太空中共同作业的机会,实现人机协作[101]。由于空间环境和空间任务的特殊性,相对于地面环境下的人机协作,空间环境下的人机协作存在人机交互难度大、多人之间同时协作等特点[102]。为了在保证人员安全的前提下,充分发挥出宇航员和机器人各自的优势,从而快速高效地完成空间装配任务,除了空间任务本身性质之外,还应考虑空间环境下人机各自的工作能力。

1. 宇航员

舱外活动对于空间在轨装配的发展非常关键,空间站的舱外组装、维护、维修,以及舱外载荷的操作等任务都涉及舱外活动[103]。截至 2006 年,先后已有 146 名宇航员,共走出太空舱 233 次,完成了"阿波罗"登月、"哈勃"太空望远镜维修、"和平"号空间站建设维护、国际空间站建设等重大的舱外活动[104]。

伴随着每次的舱外活动,或多或少地会出现各种各样的故障、问题甚至事故[104]。其中,宇航员主观感受中最常见的问题是冷,其次是出舱活动难度大、工作负荷大,最后是操作灵活性问题和视觉问题。影响宇航员舱外活动的因素中,除了空间环境的物理因素外,宇航服的影响作用也比较重要[103, 105~109]:在空间环境下,与舱外活动有关的感觉与活动性能的改变,对宇航员工作效率的影响尤为突出。

1）微重力环境因素

微重力环境因素影响视觉：眼球的重量约为 7 g,在微重力环境状态下会丧失重量,眼球的运动肌肉不再需要很大的紧张力,从而导致对比灵敏度降低,看远处物体时的视敏度增强,而看近处物体时的分辨率降低。

另外,在适应微重力环境阶段,宇航员进行出舱操作时,将会产生不同程度的运动及体位性错觉。空间知觉的生理基础是视觉信息和重力器官,即前庭器官和深层感觉器官等的整合,眼球是指示空间位置的重要器官,其变化有可能导致视觉定位的紊乱。同时,空间知觉关系到两种位置感觉,一是认知宇航员自身的位置,二是认知自己与周围环境物体的相对位置。太空中不存在能指示方向的重力,对上述两种位置的标准信息的认知能力极其有限,从而导致定向知觉严重受限。

宇航员在地面重力环境下形成的习惯也将干扰舱外活动的完成,微重力环境下：① 人体重力感受器刺激丧失,脑中枢得不到正常的重力感受信息输入,因此形成特殊的活动生理学特征和规律,进而导致姿态调整和运动控制出现紊乱;② 人体肌肉力量只有地面的 2/3 左右,运动所产生的力和速度的精确度也发生很大变化。同时,人体姿态自然前倾,视线比在地球重力环境下降 15°±2°,而人体质心上移 4 cm,保持人体平衡的器官是前庭器官和视觉器官,前者尤为重要;③ 前庭器官中的耳石不起作用,因此人体不能保持平衡,动作、姿态将完全失控,坐、站、行、跑、跳等动作均不能随意完成,另外,全身难以保持稳定,呈现漂浮的自由态,任意一个局部姿态的改变,都将有可能引起全身的动作。试验表明,微重力环境下,人体上肢捕获物体的时间比地面同类试验所用的时间明显延长,即微重力将会造成目标捕获的延迟。

2）真空环境因素

舱外的真空环境,将会影响舱外活动的照明和宇航员由光照区进入地球背侧阴影区的暗适应等,主要体现在光线不能发生散射或折射,且无法衰减光强,因而会对作业产生一定的负效应。另外,由于图像背景的对比度增加,宇航员对物体的形状、距离、位置和相对运动的视觉感知能力降低。

3）宇航员本身的心理因素

在舱外进行工作时,宇航员身背一个便携式舱外机动装置。由于担心作为其生命保障系统的舱外宇航服出现故障,宇航员也会出现心理恐慌的问题。例如,在气闸舱舱门打开后,部分宇航员的心率立即增加到每分钟 147～162 次。到舱外后,有人感觉像是到了犹如无底深渊和又黑又冷的世界,往往觉得晕头转向。因此,心理上的负荷增加会使宇航员的工作速度、工作精度和安全可靠性受到影响。

4）宇航服

舱外宇航服在设计中虽然体现了服装功效学对压感与冷热舒适性、适体性、空间性与活动性的要求,但在加压状态下,加上太空低温(−170℃)环境,宇航服的纤维织物将变硬,使得宇航服功效学问题较为突出。该问题与微重力影响交织在一起,会降低宇航员调整体位、稳定姿态及运动控制的效能。目前,宇航服主要存在如下欠缺:① 结构复杂,具有防太空真空、防高低温、防空间碎片等多种功能的宇航服的结构非常复杂,在加压状态下,宇航服的关节活动性会受到限制。另外,由于宇航服的散热性能较差,宇航员在舱外活动过程中易大量出汗,这将加重其疲劳感;② 手部灵活性差且无触感,由于加压状态下手套与手的皮肤表面并不吻合,再加上由 5 层纤维织物制成的手套隔绝了手的皮肤对物体的直接感觉,宇航员的手操作能力将受到限制。另外,在微重力环境下,手指末端血液循环变差。宇航员进入地球阴影区时,由于处于安静状态,产热少,常感到全身冰冷,尤其是四肢,这更加影响了手的感知能力;③ 视野受限,宇航员的视野受限于宇航服头盔上的窗口,另外,该头盔还不能随着颈部运动旋转。可以说,在空间环境下,人类各方面的能力均有不同程度的下降。

2. 空间机器人

由于舱外活动固有的危险性,宇航员的生命在此过程中受到了很大的威胁,同时,大型空间结构涉及的在轨装配技术难度较以往的系统有较大幅度的提升,因此传统的机械臂式机器人已经不能满足需要,需要开发新型的机器人以应对现实和未来的需要[8]。

空间机器人作为特种机器人,其应用环境具有特殊性,本身具有如下特点[110]。

1）空间环境适应性强

空间机器人可承受包括发射段力学环境、空间高低温、轨道微重力或星表重力、超真空、空间辐照、原子氧、复杂光照、空间碎片等在内的极端环境条件。

2）长寿命

空间机器人需要在在轨或星上资源受限的条件下长时间使用。

3）高可靠性

空间机器人不依赖于消耗品或加压舱,在严重受损的情况下,甚至可以降低性能来继续运行。

4）任务适应能力强

空间涉及的任务包括捕获、搬运、固定、更换、加注、重构、移动等,因此空间机器人需集多功能于一体。

5）经历工况复杂

空间机器人需满足地面验证段、发射段、在轨段（甚至在地外天体着陆段、表面工作段）等不同工况，因此机器人系统的设计约束较大。

6）地面验证难度大

基于上述特点，再考虑到空间机器人自由度多、应用场景存在不确定性等因素，其地面验证难度大幅增加。

3. 人机功能特性对比

结合前述内容，从感知、决策、执行三个层面分析人和机器人在空间装配任务中的功能特性，结果如表 4.1 所示。

表 4.1　空间环境下的人机功能特性对比

分析层面	人	机　器　人
感知层面	在长时间进行装配任务时，易感知到人体血压/肌肉疲劳等生理因素； 对低重力感知明显； 温度对人手的影响较大，温度较低时，人手的触觉灵敏度下降，导致装配过程无法正常进行； 感知具有整体综合性、选择性和多义性的信息； 感知有限的、小阈值范围内的信息	精确的定量信息感知，例如，只能通过视觉标定识别所需杆件及其装配位置； 可感知人类感知阈值范围外的信息，能够在视觉范围以外用红外线和电磁波进行装配信息交流； 比较适合感知单一信息，在装配中需要地面遥控操作支持
决策层面	可以在复杂装配环境中正确识别所应当使用的零件和工具； 能够监控并预测装配过程的进展； 能够灵活处理装配过程中发生的突发情况，并适时做出调整	预测能力有很大的局限性； 难以自主归纳装配经验，自我学习能力较低，灵活性较差，适合处理既定的装配动作
执行层面	受制于太空低重力及宇航服结构影响，无法进行长时间移动动作，易疲劳； 只能完成一些功率较小的装配动作； 只能完成一些精度要求不高、操作范围较窄的动作	可在机器恶劣环境下工作； 可完成极大或极小功率的装配动作； 可长时间移动及完成重复的装配动作； 可达到的操作范围广

4.2　桁架结构的装配任务建模

基于优先约束关系进行空间桁架的装配序列规划，通过将桁架装配任务分解为杆件装配子任务,依次规划出从杆件运输到装配的整个流程,以杆件装配流程为循环,得到整个桁架的装配流程。将杆件装配任务逐级划分至活动级的装配行为后,根据动作研究理论的动素分析法得到与各行为相应的装配动素,基于层次任务分析法实现桁架在轨装配的任务建模。

4.2.1 桁架结构装配序列规划

1. 空间直立桁架结构分析

本项目中的直立桁架结构如图 4.5 所示,其由若干个结构相同的桁架单元组构成,单元组间依次连接,在实际研究过程中选取 5 m 直立桁架作为研究对象。

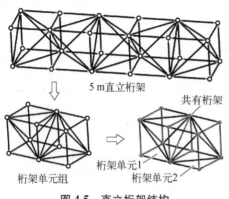

桁架单元组由球节点与杆件组成,内部共有各类杆件 31 根,球节点 12 个。每个桁架单元组由两个相互对称的桁架单元组成,相邻单元间包含有一组共有桁架,每个桁架单元为边长为 1 m 的立方体,下面以桁架单元 1 为例进行结构分析。

图 4.5 直立桁架结构

根据功能与长度,桁架单元内部杆件可分为以下三类(表 4.2)。

表 4.2 桁架单元内部杆件类型

杆件类型	碳纤维管长度	杆 件 功 能	杆件数量	杆 件 位 置
支撑长杆	1 201.7 mm	确保单元内部对角线方向的稳定性与可靠性;当桁架挂载天线或探测设备时起到桁架强化的作用	6	

（续表）

杆件类型	碳纤维管长度	杆 件 功 能	杆件数量	杆 件 位 置
支撑短杆	767.5 mm	连接和固定各球节点装配件,是桁架单元的基本支撑杆件	8	
电气杆	767.5 mm	实现直立桁架内部导电功能,杆件内部装有导线,杆件接头与对应的球节点接头配合处均装有导电片	4	

　　桁架单元中所有类型杆件间通过 8 个球节点相互连接,球节点由球头与若干接头组成。桁架单元内部零部件命名如图 4.6 所示。

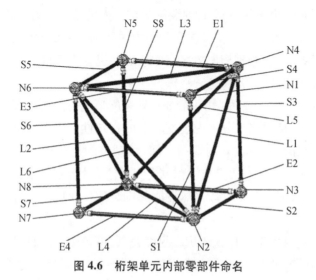

图 4.6　桁架单元内部零部件命名

基于直立桁架上述结构特点,可将其装配过程分解为多个桁架单元组结构的装配,桁架单元组选用合适的规划方法求解出装配序列,通过对桁架单元组装配序列进行合并,得到直立桁架整体的装配序列。而文献[111]表明,通过将桁架装配过程简化为重复性基础操作,有助于操作人员记住装配流程并正确区分桁架的组成零件。考虑到桁架单元 1 与桁架单元 2 的结构相互对称,只有杆件安装方向不同,为减少装配流程复杂度,降低操作人员装配难度,两个单元间采用相同的杆件安装流程,故下面以桁架单元 1 为对象进行装配序列规划。

装配序列规划的本质就是在各种约束条件下,求解出满足约束条件的最优装配顺序。装配优先级分类应首先解决下述问题: ① 装配体结构模型设计;② 装配优先级的定义与分类;③ 最优装配顺序求解方法。装配过程中常见的序列规划方法包括知识与经验法、拆卸法、优先约束关系法、割集法等。由于桁架单元内部结构相对简单且受到约束较为明确,通过综合比较后选用基于优先约束关系的装配序列规划方法。

2. 桁架单元装配序列规划

桁架单元的装配序列规划应首要考虑到由于其特殊的装配环境与独特的结构所引入的各种约束条件,建立优先约束关系分类模型以规划桁架单元的装配序列。

1) 优先约束关系分类模型

优先约束关系分类模型包括空间装配环境约束关系与装配优先约束关系两类,其中空间装配环境约束关系指舱外装配作业对装配机构复杂程度、装配人员工作效率与时长等因素的限制,即对装配机构与人员的能力约束;装配优先约束关系指零件在装配过程中的先后次序间约束关系,包括几何优先约束关系与工艺优先约束关系[112]。根据桁架单元结构推理并提取出杆件的装配优先约束关系是获得装配序列规划的关键步骤[113]。

空间装配环境约束关系: 由于舱外在轨装配环境与地面装配有着较大的区别,在制定装配策略时应充分考虑装配环境的特殊性。当人与机器人在舱外协同装配直立桁架时,人在舱外的活动时间、活动范围与工作效率均受到较大限制;此外,桁架装配机构的质量与体积也受到运输成本与舱外装配平台空间的约束,因此制定桁架装配策略时应当尽可能降低装配作业用时并选用结构合理的装配机构。

装配优先约束关系: ① 几何优先约束关系,由各个零件自身几何设计结构决定,用于确保装配顺序在几何关系上的可行性;② 工艺优先约束关系,由零件装配次序的工艺约束决定,用于确保装配顺序在工艺上的可行性,包括硬件约束与软件约束,其中硬件约束指夹具、工装、装配工具等硬件设备对装配次序的约束;软件约束指装配人员的装配技术与装配习惯等对装配次序的约束,用于确保装配顺序在工艺上的适应性。

2) 桁架单元装配序列规划方案

基于上述优先约束关系分类模型制定出桁架单元装配序列规划方案。

(1) 空间装配环境约束关系。

文献[111]表明,在装配桁架过程中,当操作人员脚部有固定约束时,其装配效率更高,因而在装配中操作人员的移动范围不宜过大。通常,用于装配作业的机器人基座是固定的,不具有移动功能,若增加移动导轨与驱动装置将增加系统的复杂程度与不可靠性。

基于上述分析,直立桁架装配策略选用一个桁架单元为基本组装单位,对逐个单元依次进行组装,循环单元装配流程,从而完成整个直立桁架的装配。当前一个单元在完成装配后被推送机构推出装配工位,然后进入下一个单元装配作业。

桁架单元中球节点的接头通过 4 个螺母固定在球头上,安装个数与方向由杆件安装方向决定,若在舱外现场安装,难度极大,故选择在舱内由人提前完成装配。由图 4.5 可知,相邻桁架单元间包含一组共有桁架,共有桁架中包括了所有球节点,为进一步提高桁架单元的在轨装配效率,降低舱外装配工作量以减少作业耗时,引入模块化装配,将桁架单元的装配任务分解为舱内的预装配模块安装与舱外的连接杆件安装两个部分,在舱内先由机器人与人完成球节点及其支撑杆件的组装作业,组成预装配模块。为便于装配,杆件安装方向全部选用沿-y 轴方向安装,如图 4.7 所示。

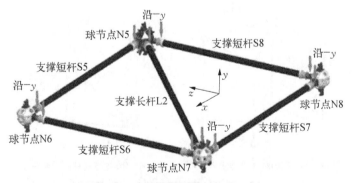

图 4.7 预装配模块杆件安装方向

预装配模块完成组装后集中运输至舱外,由推送机构运送至桁架单元支撑框架中的预装工位,当锁紧机构固定 4 个球节点后,再进行中间 8 根连接杆件的安装,如图 4.8 所示。

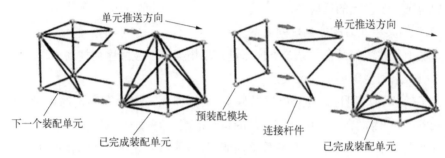

图 4.8　杆件装配次序示意图

(2) 装配优先约束关系。

步骤 1:每个桁架单元由 2 个预装配模块、4 根支撑长杆与 4 根电气杆组成。4 根电气杆实现桁架单元移动方向的球节点连接,4 根支撑长杆用于连接支撑对角方向的球节点。因此,预装配模块为电气杆与支撑长杆的定位基准,应当在连接杆件之前完成装配。

步骤 2:当在长杆 L3 之前安装电气杆 E1 或 E3 时,机器人或人的手臂易与电气杆发生碰撞,故中间的长杆 L3 应当在电气杆 E1 或 E3 之前完成装配。同理,长杆 L4 应当在电气杆 E4 或 E2 之前完成装配,如图 4.9(a)所示。

步骤 3:当长杆 L6 或 L5 在长杆 L4 之前安装时,机器人或人的手臂易与长杆 L6 发生碰撞,故长杆 L4 应当在长杆 L6 与 L5 之前完成装配,如图 4.9(b)所示。

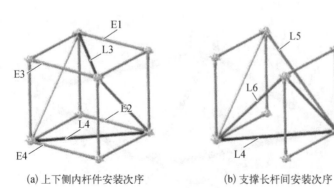

(a) 上下侧内杆件安装次序　　　　(b) 支撑长杆间安装次序

图 4.9　装配过程中桁架单元内部零部件

综合上述约束规则,可得桁架单元内部杆件的装配次序,如表 4.3 所示。

表 4.3　桁架单元内部杆件装配序列

装 配 次 序	杆 件 名 称	杆 件 类 别	杆 件 位 置
1	L4	电气杆	中间下层
2	E2	支撑长杆	人侧下层
3	L3	支撑长杆	中间上层
4	E1	电气杆	人侧上层
5	L5	支撑长杆	人侧中层
6	E4	电气杆	机侧下层
7	L6	支撑长杆	机侧中层
8	E3	电气杆	机侧上层

4.2.2　杆件单元装配动素分解

1. 动素分析法

动素(therbligs)指完成一项工作所涉及的基本动作要素[114],而动素分析是一种对动作进行分解、分析,用动素符号进行标记后再进一步改善的分析方法[115]。通过动素分析,确定装配任务的具体动作及属性,为装配任务建模奠定基础。1908 年,美国工程师 Frank Gilbreth 提出动素这一概念,此后,动素分析作为一种非常强大的方法,得到了不断地完善,由最初的 15 种动素增加到 18 种动素,组成了动作的最基本单元[116]。根据对操作的影响,动素可分为三类[117]:有效动素,即对操作有直接贡献的动素;辅助动素,即在一定程度上影响操作的有效性的动素,但有时是必需的;无效动素,即对操作只有消耗性作用的动素。

18 种动素的分类、符号与定义如表 4.4 所示。

表 4.4　动素的分类、符号与定义

动素分类	动素名称	动素符号	动 素 定 义
有效动素	伸手	TE	又称运空,空手向目标移动的动作
	移物	TL	又称运实,持物从某一位置移至另一位置的动作
	握取	G	利用手指充分控制目标的动作
	装配	A	将两个及以上目标进行组合的动作
	使用	U	又称应用,利用工具或装置的动作

（续表）

动素分类	动素名称	动素符号	动 素 定 义
有效动素	拆卸	DA	将两个及以上组合的目标进行分解的动作
	放手	RL	又称放开,从手中松开目标的动作
	检查	I	又称检验,将目标与标准进行比较的动作
	定位	P	又称对准,将目标放置于所需位置的动作
辅助动素	寻找	Sh	确定目标的位置的动作
	选择	St	在同类物件中选取其中一个的动作
	发现	F	寻找到目标的瞬间动作
	计划	Pn	在操作进行中为决定下一步进行的思考
	预定位	PP	物体定位前,先将物体安置到预定位置
无效动素	持住	H	又称拿住,持物并保持静止状态
	休息	R	因疲劳而停止工作
	迟延	UD	不可避免的停顿
	故延	AD	可以避免的停顿

2. 装配任务动素分析

本项目所涉及的桁架单元的装配任务可在杆件层上视为不同单根杆件的重复装配作业,包含相同的动素类型,因此取桁架单元的其中一根杆件的装配流程进行动素分析,单根杆件装配流程如图 4.10 所示。

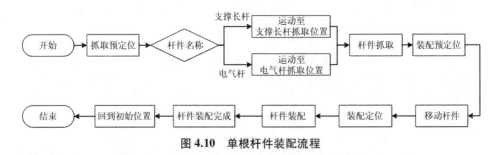

图 4.10　单根杆件装配流程

杆件进入装配作业空间后,按照装配时间顺序将装配任务在作业级层面逐步分解,得到基于活动级的装配行为。根据动作研究理论的动素分析法,得到操作级层面上与装配行为一一对应的动素,如图 4.11 所示。

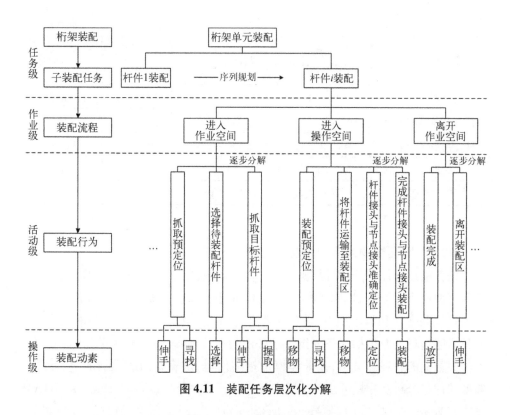

图 4.11　装配任务层次化分解

　　根据分解结果可知,完成单根杆件的装配所需要的基本动素有伸手、寻找、选择、握取、移物、定位、装配、放手,通过定性定量的分析,确定各动素相应的动作属性,如表 4.5 所示。

表 4.5　桁架单元装配动素分析

装 配 行 为	装配动作描述	动素归类		动作属性
		名称	符号	
抓取预定位	识别标识的预备动作	伸手	TE	移动范围
	识别标识	寻找	Sh	识别状态
选择待装配杆件	根据装配需要选择杆件	选择	St	无
抓取目标杆件	抓取相应杆件的预备动作	伸手	TE	移动范围
	抓取杆件	握取	G	杆件重量
装配预定位	识别标识的预备动作	移物	TL	移动范围
	识别标识	寻找	Sh	识别状态

（续表）

装 配 行 为	装配动作描述	动素归类		动作属性
		名称	符号	
运输杆件至装配区	将杆件移动至装配区	移物	TL	移动范围
杆件与节点的定位	杆件接头与节点接头进行准确定位	定位	P	难度
杆件与节点的装配	杆件下压完成杆件与节点的配合	装配	A	装配力
装配完成	松开杆件，完成装配	放手	RL	无
离开装配区	离开装配区，回到初始位置	伸手	TE	无

4.2.3　桁架结构单元装配任务建模

任务描述是任务分配时需要考虑的首要问题，通常以任务模型的形式呈现。任务模型使用数学和计算机语言，为定量描述特定任务提供必要信息[118, 119]。为了强调共享性和可重用性，任务模型常常以任务本体，即元模型的形式出现。任务描述过程一般包括任务分析和任务建模两个阶段，其中任务分析是指对任务相关数据的收集和分析；任务建模是指结构化、逻辑化组织数据的过程[120]。典型的任务分析及建模方法包括层次任务分析（hierarchical task analysis，HTA）法[121]、任务知识结构（task knowledge structure，TKS）法[122]和方法分析描述（method analysis description，MAD）法[123]等。恰当的任务描述可以大幅度地平滑并加速任务分配的过程，最终达到满足任务需求并提高装配效率的目的，本项目采用层次任务分析法建立装配任务模型。

1. 层次任务分析模型

层次任务分析法是一种描述通过计划预先设计的任务之间的时序关系，并采用层级分析描述任务与其子任务之间层次体系的方法，通常以结构化元模型的形式出现。层次任务分析元模型使用目标（goal）、任务（task）、计划（plan）和操作（operation）四个概念元素对任务进行描述，如图 4.12 所示[124]。其中，目标指的是完成任务后应呈现的状态；任务指的是待执行的操作序列的集合；计划指的是预先设计的子任务执行条件及执行序列，每个计划需要一个或多个操作来完成；操作指的是采取的具体动作[125, 126]。

由于考虑到了不同的工效学和人为因素[127]，层次任务分析法有助于区分装配过程中人和机器人的角色[128]，已在空间探索、制造业和农业等领域有了许多应用[129]。

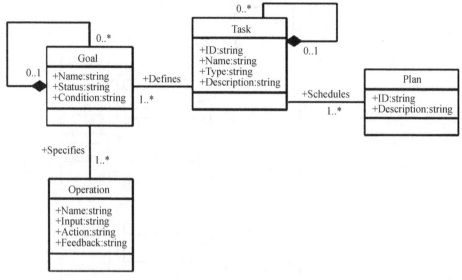

图 4.12 HTA 元模型

2. 基于层次任务分析的桁架单元装配任务模型

本小节通过杆件装配序列明确了桁架装配任务时序关系,通过对装配任务进行动素分析明确了桁架装配任务层次关系,结合空间桁架结构特点和桁架装配任务特点,在传统层次任务分析模型的四个概念元素的基础上增加对象(object)和属性(property)两个概念元素,对操作概念元素进行进一步描述,从而共同描述桁架装配任务,如图 4.13 所示。其中,目标指的是桁架单元呈现的装配完成状态;任务指的是通过基于装配优先约束关系的装配序列规划方法得到的桁架单元的装配序列;计划指的是单根杆件的装配行为序列;操作指的是根据动作研究理论的动素分析法得到的与装配行为一一对应的动素;对象指的是操作的具体内容;属性指的是操作的具体要求,即对动素进行分析后得到的移物的距离、装配力的大小等动作属性。

层次任务分析法描述任务的方式包括文本形式描述和图形方式描述两种,本小节以 XML 格式的文件描述装配任务模型,如图 4.14 所示。

以图 4.9 中的 L4 为例,对 XML 格式文件下的装配任务模型进行说明。由图 4.14 可知,以根节点为目标并将其命名为桁架单元装配,其子节点为任务,以 ID 及数字对该子节点在根节点中的顺序做说明;任务的子节点为计划,同样以 ID 及数字对计划在任务中的顺序做说明并对其进行描述,计划的子节点为操作,操作包括名字、对象和属性。

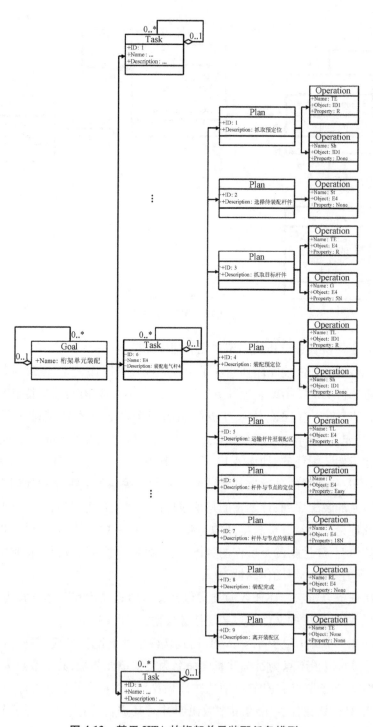

图 4.13 基于 HTA 的桁架单元装配任务模型

```
<?xml version="1.0" encoding="utf-8"?>
- <goal name="桁架单元装配">
  - <task ID="1">
      <name>长杆 4</name>
    - <plan ID="1">
        <Description>抓取预定位</Description>
      - <operation name="TE">
          <object>ID1</object>
          <property>R</property />
        </operation>
      - <operation name="Sh">
          <object>ID1</object>
          <property>Todo</property>
        </operation>
      </plan>
```

图 4.14　桁架单元装配任务 XML 格式表达

（1）为实现目标而进行的第一个任务为 L4，即装配 L4，而为完成此任务进行的第一个计划为抓取预定位，包括伸手和寻找两项操作。对于伸手操作，该操作对应的操作对象为标识 1；同时，由于标识 1 的放置位置仅在机器人的可达范围之内，将其属性定义为 R。若操作对象的放置位置仅在人的可达范围之内，将其属性定义为 H；若操作对象的放置位置既在人的可达范围之内又在机器人的可达范围之内，将其属性定义为 Either；若操作对象的放置位置不在人或机器人的可达范围之内，将其属性定义为 None。对于寻找操作，该操作对应的操作对象为标识 1，由于需要对标识 1 进行识别，将其属性定义为 Todo，若已对标识 1 进行识别，则将其属性定义为 Done。

（2）为完成装配 L4 任务而进行的第二个计划为选择待装配杆件。选择待装配杆件仅包括选择操作，对于选择操作，其对象为 L4 而无其他特殊属性。

（3）为完成装配 L4 任务而进行的第三个计划为抓取目标杆件，抓取目标杆件包括伸手和握取两项操作。对于伸手操作，该操作对应的操作对象为 L4，同时，由于 L4 的放置位置仅在机器人的可达范围之内，将其属性定义为 R。对于握取操作而言，其操作对象为 L4，因此握取力应为 L4（长杆）重量所对应的 8 N，将其属性定义为 8 N。若操作对象为电气杆，则将其属性定义为电气杆重量所对应的 5 N。

（4）为完成装配 L4 任务而进行的第四个计划为装配预定位，包括移物和寻找两项操作。对于移物操作，该操作对应的操作对象为标识 1，同时，由于标识 1

的放置位置仅在机器人的可达范围之内,将其属性定义为 R。此外,E4 和 L6 对应的操作对象也为标识 1;L3 和 E3 对应的操作对象为标识 2,根据标识 2 的放置位置定义其属性;而对于 E2、E1 和 L5,由于不存在标识物,将操作对象定义为 None,则需根据 E2、E1 和 L5 的装配位置定义其属性。对于寻找操作,该操作对应的操作对象为标识 1。此外,E4 和 L6 对应的操作对象也为标识 1;L3 和 E3 对应的操作对象为标识 2;而对于 E2、E1 和 L5,由于不存在标识物,将操作对象及属性定义为 None。由于已对标识 1 进行了识别,将该操作属性定义为 Done。

(5)为完成装配 L4 任务而进行的第五个计划为运输杆件至装配区,仅涉及移物一项操作。对于移物操作,其操作对象为 L4,而由于 L4 移动的目标位置既在人的可达范围之内又在机器人的可达范围之内,将其属性定义为 Either。

(6)为完成装配 L4 任务而进行的第六个计划为杆件与节点的定位,仅涉及定位一项操作。对于定位操作,其操作对象为 L4,由于中间杆件定位操作具有一定难度,将该操作的属性定义为困难,若定位操作相对简单,则将定位操作的属性定义为简单。

(7)为完成装配 L4 任务而进行的第七个计划为杆件与节点的装配,仅涉及装配一项操作。对于装配操作,其操作对象为 L4,L4(长杆)的装配力为 18 N,因此将其属性定义为 18 N,而由于装配电气杆的装配力也为 18 N,当操作对象为电气杆时,其对应的属性同样为 18 N。

(8)为完成装配 L4 任务而进行的第八个计划为装配完成,装配完成仅涉及放手一项操作。对于放手操作,其操作对象为 L4,没有其他特殊属性。

(9)为完成装配 L4 任务而进行的最后一个计划为离开装配区,仅涉及伸手一项操作,没有具体的操作对象,且没有其他特殊属性。

4.3 桁架装配的人机任务分配

对于空间桁架的装配任务而言,关键资源有装配原材料、操作人员、协作机器人等,关键资源的分配会影响装配过程的效率及质量。在实际空间装配任务中,有必要根据特殊的空间环境综合考虑人与机器人操作的特点,弥补对方的操作不足,二者互相补充。根据各自的特点,合理地进行人机任务的分配,在保证人员安全的前提下,可充分发挥出人和机器人各自的优势,快速高效地完成空间桁架装配任务。

4.3.1　桁架装配的人机能力约束

根据 4.1.2 节的内容,在可能涉及桁架装配操作的能力方面,将人机能力约束建立为以下描述。

（1）人员在太空中的移动速度较为缓慢,且长时间移动易加重人员的负荷程度,加速疲劳感,所以使用可移动的升降平台来代替人员步行等移动,但因此降低了人员移动的灵活程度,所以在进行人机任务分配时应尽量减少人员的移动任务,即减少装配操作中人员的移动距离。

（2）宇航服及手套降低了人手部的灵活性,应尽量减少人员复杂高精度的装配任务,进行精细的操作时应当借助其他工具。

（3）在人员能力范围内,应尽量减少操作人员的等待时间,以提高人的工作效率、装配资源的利用率及人机协同的负荷均衡性。

（4）协作机器人难以如同操作员般迅速进行准确定位,因此装配过程中需要借助操作员进行小工作空间的定位辅助,或者花费更多时间进行定位和调整。

4.3.2　桁架装配的人机任务分配指标体系

通常来说,空间环境人机任务分配的原则,可分为比较分配原则、机器优先原则、经济分配原则和动态分配原则这四种。本节采用比较分配原则对装配任务进行分配,即根据人机各自特性进行任务分配。结合装配任务模型和空间环境的人机能力约束,建立人机装配任务分配体系。基于能力的人机任务分配的分步流程如图 4.15 所示。

1. 能力匹配

从装配任务模型中提取的操作对象与操作属性信息是在人机装配任务分配过程中的第一级就需要考虑的,通过与空间环境的人机能力特点进行匹配,将装配任务分别标记为 H、R、H/R 或 H+R 这四个类型：H 类任务仅分配给人；R 类任务仅分配给机器人；H/R 类任务可分配给人或机器人；H+R 类任务由人和机器人协同完成。其中,H+R 类任务的优先级为最高级。

若当前 H/R 类任务与其分步操作或前序操作存在相关性,则可根据其分步操作或前序操作对此 H/R 类任务进行进一步分配；若当前 H/R 类任务与其分步操作或前序操作不存在相关性,则需要在下一步中通过计算其能力指标值来进行进一步分配。

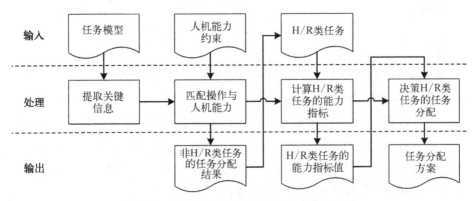

图 4.15　基于能力的人机任务分配的分步流程

2. 能力指标

对于 H/R 类任务对应的操作 O，分别确定人和机器人这两类资源的规模（H）、操作（Pro）和认知（Cog）并进行资源比较评估以获得其对应的基数（表 4.6）。对于属于有效动素的操作，主要考虑规模基数和操作基数；对于属于辅助动素的操作，主要考虑规模基数和认知基数。

表 4.6　资源能力比较

资源能力	较　好	相　同	较　差
基数 C	1	0.5	0

在此基础上，分别计算人操作时的能力指标 $e_{H,O}$ 和机器人操作时的能力指标 $e_{R,O}$：

$$e_{H,O} = C_{H,H} + C_{H,Pro} \text{ 或 } C_{H,H} + C_{H,Cog} \tag{4.1}$$

$$e_{R,O} = C_{R,H} + C_{R,Pro} \text{ 或 } C_{R,H} + C_{R,Cog} \tag{4.2}$$

式中，$C_{H,H}$ 为人的规模基数；$C_{H,Pro}$ 为人的操作基数；$C_{H,Cog}$ 为人的认知基数；$C_{R,H}$ 为机器人的规模基数；$C_{R,Pro}$ 为机器人的操作基数；$C_{R,Cog}$ 为机器人的认知基数。

最后，比较能力指标，对此 H/R 类任务进行进一步分配：

$$e_O = \max(e_{H,O}, e_{R,O}) \tag{4.3}$$

1）规模基数 C_H

将规模定义为

$$H_O = \lg S_O \qquad (4.4)$$

式中，H_O 为操作 O 的规模；S_O 为操作 O 位于所有操作中的操作序。

　　根据规模的计算结果，对人和机器人这两类资源进行比较评估，分别确定其对应的规模基数，如表 4.7 所示。

表 4.7　规模的比较评估

基　数	$H < 1$	$H \geqslant 1$
$C_{H,H}$	0.5	0
$C_{R,H}$	0.5	1

　　2）操作基数 C_{Pro}

　　根据操作属性信息确定其操作基数，本节所涉及的属于有效动素的操作中，伸手及移物操作考虑的是移动范围，握取及装配操作考虑的是力的大小，定位操作则考虑难度。

　　（1）移动范围。

　　对于伸手及移物操作，通过对人和机器人这两类资源与目标位置之间的距离进行比较，以确定其对应的操作基数，如表 4.8 所示。

表 4.8　移动范围的比较评估

基　数	$S_H < S_R$	$S_H \approx S_R$	$S_H > S_R$
$C_{H,Pro}$	1	0.5	0
$C_{R,Pro}$	0	0.5	1

　　（2）力。

　　对于握取及装配操作，通过将操作所需力的大小与人的操作力和机器人的有效载荷进行比较，以确定其对应的操作基数，如表 4.9 所示。

表 4.9　力的比较评估

基　数	$F_O < F_H$	$F_H \leqslant F_O < F_R$
$C_{H,H}$	0.5	0
$C_{R,H}$	0.5	1

　　（3）难度。

　　对于定位操作，根据其操作属性信息对人和机器人这两类资源进行比较评估,以分别确定其对应的操作基数,如表 4.10 所示。

表 4.10 难度的比较评估

基　　数	简　　单	困　　难
$C_{\text{H, Pro}}$	0.5	1
$C_{\text{R, Pro}}$	0.5	0

3)认知基数 C_{Cog}

认知由感知和决策组成。

(1)感知基数 C_{G}。

影响感知过程信息量的主要因素是操作与操作之间的关系,本节用(1, 0)函数表示,两者之间存在关系用 1 表示,不存在关系则用 0 表示[130]。单根杆件的装配由 12 个操作组成,操作之间的关系总和为 L,每个操作的关系和为 L_0,因此基于操作相互关系的感知定义为

$$G_0 = - p_0 \log_2 p_0 \tag{4.5}$$

式中,p_0 为每个操作的关系和 L_0 与操作之间的关系总和 L 的比值,$p_0 = \dfrac{L_0}{L}$;G_0 为感知信息的复杂度。

根据感知的计算结果,对人和机器人这两类资源进行比较评估,分别确定其对应的感知基数,如表 4.11 所示。

表 4.11 感知的比较评估

基　　数	$G < 0.5$	$0.5 \leqslant G < 1$	$G \geqslant 1$
$C_{\text{H, G}}$	0	0.5	1
$C_{\text{R, G}}$	1	0.5	0

(2)决策基数 C_{R}。

决策过程由信息处理和决策输出组成,根据第二代人因可靠性方法,决策活动有 15 种,分别属于 4 大决策功能。确定操作 O 所涉及的决策活动并在此基础上统计决策功能,根据信息熵计算其决策过程负荷。对于操作 O,决策功能数量和为 K,每个决策功能的数量为 K_i,因此,基于决策功能的决策定义为

$$R_0 = - \sum_{i=1}^{4} p_i \ln p_i \tag{4.6}$$

式中, R_0 为决策信息的复杂度; $\sum_{i=1}^{4} p_i = 1$; $p_i = \dfrac{K_i}{K}$ 。

根据决策的计算结果,对人和机器人这两类资源进行比较评估,以分别确定其对应的决策基数,如表 4.12 所示。

表 4.12　决策的比较评估

基　数	$R < 0.5$	$0.5 \leqslant R < 1$	$R \geqslant 1$
$C_{H, R}$	0	0.5	1
$C_{R, R}$	1	0.5	0

综上所述,对于操作 O,其认知基数为

$$C_{\text{Cog}} = \frac{C_{\text{G}} + C_{\text{R}}}{2} \tag{4.7}$$

4.3.3　桁架装配的人机任务分配方案

按照桁架单元装配任务模型结构,依次对操作进行任务分配。考虑到部分操作重复出现,本项目采用 TnPLmO 的形式描述操作,其中,Tn 表示任务 n;PLm 为计划 m;O 则为该操作的操作符号。同时,为了简洁明了地表达任务分配结果,将其以下标形式作为标注,即任务分配结束后,完整的操作代码的形式为 TnPLmO$_{\text{Allocation}}$。

1. 任务分配流程

1) 计划一: 抓取预定位

(1) 伸手。

在此装配场景中,TnPL1TE 指的是伸向标识。当标识存在时,应由机器人执行此计划,即机器人伸向标识,因此,将其分配为 R 类任务;当标识不存在时,机器人无法执行此计划,将其分配为 H 类任务。TnPL1TE 分配流程如图 4.16 所示。

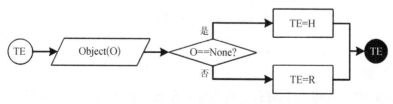

图 4.16　TnPL1TE 分配流程

（2）寻找。

在此装配场景中，TnPL1Sh 指的是对标识进行识别。若由机器人来寻找，机器人将通过识别标识计算得到目标位置，因此当标识存在时，将其分配为 R 类任务，但当标识已被识别时，将不执行抓取预定位计划；当标识不存在时，则由人来寻找，将其分配为 H 类任务。由于人可在抓取目标对象的过程中直接确定目标位置，将不执行抓取预定位计划。TnPL1Sh 分配流程如图 4.17 所示。

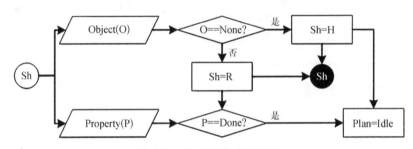

图 4.17　TnPL1Sh 分配流程

2）计划二：选择所需的装配杆件

由于 TnPL2St 不具有任何属性，需通过比较人机能力指标对其进行分配，利用式（4.1）和式（4.2）分别计算人的能力指标 $e_{\mathrm{H,O}}$ 和机器人操作时的能力指标 $e_{\mathrm{R,O}}$。根据式（4.3），$e_{\mathrm{H,O}}$ 值较大时，将其分配为 H 类任务；$e_{\mathrm{R,O}}$ 值较大时，将其分配为 R 类任务，考虑到可在离线编程中将所选操作写入机器人程序中，因此不执行选择所需的装配杆件计划。TnPL2St 分配流程如图 4.18 所示。

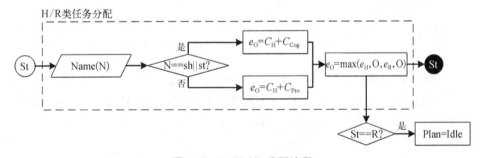

图 4.18　TnPL2St 分配流程

3）计划三：抓取目标杆件

（1）伸手。

TnPL3TE 即伸向目标杆件。若目标对象在人的可达范围之内而不在机器人的可达范围之内，则将其分配为 H 类任务；若目标对象不在人的可达范围之内而在机器人的可达范围之内,则将其分配为 R 类任务;若目标对象既不在人的可达范围之内又不在机器人的可达范围之内,则将其分配为 H+R 类任务;若目标对象既在人的可达范围之内又在机器人的可达范围之内,则将其分配为 H/R 类任务,根据 H/R 类任务分配流程对其进行进一步分配。TnPL3TE 分配流程如图 4.19 所示。

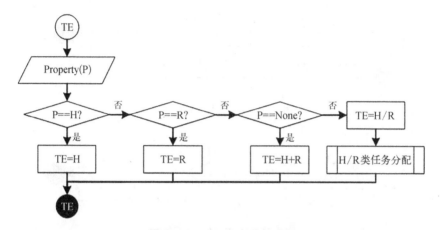

图 4.19　TnPL3TE 分配流程

（2）握取。

TnPL3G 即抓取目标杆件。若目标对象不在人的有效载荷范围之内而在机器人的有效载荷范围之内,则将其分配为 R 类任务;若目标对象不在机器人的有效载荷范围之内,则将其分配为 H+R 类任务;若目标对象在人的有效载荷范围之内,则将其分配为 H/R 类任务。由于 TnPL3TE 和 TnPL3G 是同一装配计划的分步操作,二者应具有一致性,因此根据 TnPL3TE 将其进一步分配为 H 类任务或 R 类任务。当 TnPL3TE 已分配为 H+R 类任务时,H+R 类任务的优先级处于 H/R 类任务之前,因此将其分配为 H+R 类任务。TnPL3G 分配流程如图 4.20 所示,此处 TE 为 TnPL3TE。

4）计划四：装配预定位

（1）移物。

TnPL4TL 的分配流程如图 4.21 所示。

（2）寻找。

TnPL4Sh 的分配流程同 TnPL1Sh 的分配流程一致,如图 4.17 所示。

5）计划五：杆件移动至装配区

TnPL5TL 即将杆件移动至装配区。TnPL5TL 同样根据移动范围属性进行

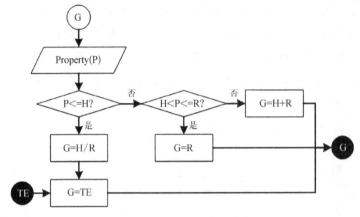

图 4.20　T*n*PL3G 分配流程

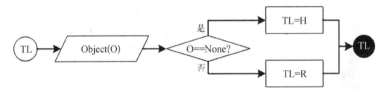

图 4.21　T*n*PL4TL 分配流程

初分配,T*n*PL5TL 是在 T*n*PL3G 后进行的移动,即二者为时间上的从属关系,因此根据 T*n*PL3G 将其进一步分配为 H 类任务或 R 类任务,而当 T*n*PL3G 已分配为 H+R 类任务时,由于 H+R 类任务的优先级处于 H/R 类任务之前,将其分配为 H+R 类任务。同时,由于存在这种从属关系,T*n*PL5TL 和 T*n*PL3G 应具有一致性,因此当二者的分配结果不一致时,需将 T*n*PL5TL 分配为 H+R 类任务。T*n*PL5TL 分配流程如图 4.22 所示。

　　6) 计划六: 杆件与节点的定位

　　在此装配场景中,T*n*PL6P 指的是杆件定位至与球节点配合的准确位置。定位难度为简单时,从执行者能力层次分析,人和机器人都能较好地完成,即分配给人或机器人均可,因此将其分配为 H/R 类任务。T*n*PL6P 是在 T*n*PL4Sh 后进行的精确定位,即二者为时间上的从属关系,应具有一致性,因此,根据 T*n*PL4Sh 将其进一步分配为 H 类任务或 R 类任务。而定位难度为困难时,考虑到人和机器人均不能独立完成定位,因此将其分配为 H+R 类任务。T*n*PL6P 分配流程如图 4.23 所示,此处的 Sh 为 T*n*PL4Sh。

　　7) 计划七: 杆件与节点的装配

　　T*n*PL7A 即装配杆件。若目标对象不在人的有效载荷范围之内而在机器

人的有效载荷范围之内,则将其分配为 R 类任务;若目标对象不在机器人的有
效载荷范围之内,则将其分配为 H+R 类任务;若目标对象在人的有效载荷范
围之内,则将其分配为 H/R 类任务。考虑到 TnPL7A 与 TnPL6P 的对象相
同,二者应具有一致性,因此根据 TnPL6P 将其进一步分配为 H 类任务或 R
类任务。当 TnPL6P 已分配为 H+R 类任务时,由于 H+R 类任务的优先级处
于 H/R 类任务之前,将其分配为 H+R 类任务。TnPL7A 分配流程如图 4.24
所示。

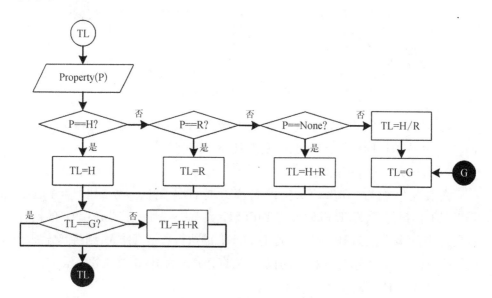

图 4.22　**TnPL5TL 分配流程**

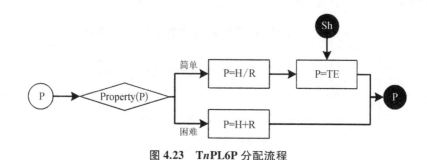

图 4.23　**TnPL6P 分配流程**

8) 计划八:装配完成

TnPL8RL 即松开已装配完成的杆件。分配时应考虑到 TnPL7A 的执行者,
即 TnPL8RL 与 TnPL7A 应具有一致性。若 TnPL7A 的执行者是人,则将其分配

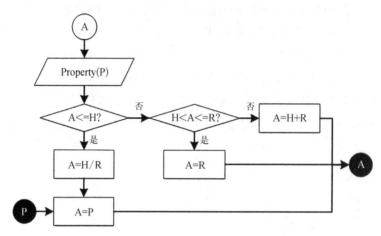

图 4.24 TnPL7A 分配流程

为 H 类任务;若 TnPL7A 的执行者是机器人,则将其分配为 R 类任务;若 TnPL7A 由人机协同执行,则将其分配为 H+R 类任务。

9) 计划九:离开装配区

在装配完成后,TnPL9TE 指的是离开杆件装配区。分配时应考虑到 TnPL5TL 的执行者,即 TnPL9TE 与 TnPL5TL 具有一致性。若 TnPL5TL 的执行者是人,则将其分配为 H 类任务;若 TnPL5TL 的执行者是机器人,则将其分配为 R 类任务;若 TnPL5TL 由人机协同执行,则将其分配为 H+R 类任务。

2. 任务分配方案

根据上述内容,利用编程完成基于能力的桁架单元人机装配任务分配,如表 4.13 所示。

表 4.13 基于能力的桁架单元人机装配任务分配方案

目标	任务		计 划		操作名称	任务分配	操作代码
	编号	名称	编号	名 称			
	...	...	...	...	...	...	...
桁架单元装配	6	E4	1	抓取预定位	伸手	不执行	—
					寻找		
			2	选择所需的装配杆件	选择	不执行	—
			3	抓取目标杆件	伸手	R 类任务	T6PL3TE$_R$
					握取	R 类任务	T6PL3G$_R$

（续表）

| 目标 | 任务 | | 计 划 | | 操作名称 | 任务分配 | 操作代码 |
	编号	名称	编号	名 称			
桁架单元装配	6	E4	4	装配预定位	移物	不执行	—
					寻找		
			5	杆件移动至工作区域	移物	R 类任务	T6PL5TL$_R$
			6	杆件与球节点的定位	定位	R 类任务	T6PL6P$_R$
			7	杆件与球节点的装配	装配	R 类任务	T6PL7A$_R$
			8	装配完成	放手	R 类任务	T6PL8RL$_R$
			9	离开装配区	伸手	R 类任务	T6PL9TE$_R$
…	…	…	…	…	…	…	…

以 E4 为例，对任务分配方案进行说明。

1）计划一：抓取预定位

（1）伸手。

由于对象为标识 1，将 T6PL1TE 分配为 R 类任务。

（2）寻找。

对于对象标识 1，将 T6PL1Sh 分配为 R 类任务。但由于标识 1 已识别完毕，不执行抓取预定位计划。

2）计划二：选择所需的装配杆件

由于选择操作属于辅助动素，其能力指标主要考虑规模基数 C_H 和认知基数 C_{Cog}。T6PL2St 位于所有操作中的操作序为 63，则根据式（4.4）可得

$$H_{St} = \lg 63 \approx 1.799\ 3 \tag{4.8}$$

因此，$C_{H,H} = 0$，$C_{R,H} = 1$。

操作之间的关系总和 $L = 36$，TnPL2St 的关系和 $L_{St} = 6$，则根据式（4.5）可得

$$G_{St} = -p_{St} \log_2 p_{St} \approx 0.430\ 8 \tag{4.9}$$

因此，$C_{H,G} = 0$，$C_{R,G} = 1$。

根据式（4.6）可得

$$R_{St} = -\sum_{i=1}^{4} p_i \ln p_i \approx 0.276\ 4 \tag{4.10}$$

因此，$C_{H,R} = 0$，$C_{R,R} = 1$。根据式(4.7)，进一步得到 $C_{H,Cog} = 0$，$C_{R,Cog} = 1$。

最终，根据式(4.1)，人操作的能力指标为

$$e_{H,St} = C_{H,H} + C_{H,Cog} = 0 + 0 = 0 \tag{4.11}$$

根据式(4.2)，机器人操作的能力指标为

$$e_{R,St} = C_{R,H} + C_{R,Cog} = 1 + 1 = 2 \tag{4.12}$$

根据式(4.3)对二者进行比较：

$$e_{St} = \max(e_{H,St}, e_{R,St}) = e_{R,St} \tag{4.13}$$

由结果可知，机器人的能力指标优于人的能力指标，因此将 T6PL2St 分配为 R 类任务，不执行选择所需的装配杆件计划。

3) 计划三：抓取目标杆件

(1) 伸手。

对于对象 E4，由于电气杆的放置位置仅处于机器人的可达范围之内，因此将 T6PL3TE 分配为 R 类任务，操作代码为 T6PL3TE$_R$。

(2) 握取。

对于对象 E4，电气杆的质量处在人的有效载荷范围之内，人与机器人都能够独立完成此操作，先将其分配为 H/R 类任务。由于 T6PL3TE 已分配为 R 类任务，将 T6PL3G 进一步分配为 R 类任务，操作代码为 T6PL3G$_R$。

4) 计划四：装配预定位

(1) 移物。

对于对象标识 1，由于标识 1 的放置位置仅处于机器人的可达范围之内，将 T6PL4TL 分配为 R 类任务。

(2) 寻找。

对于对象标识 1，将 T6PL4Sh 分配为 R 类任务。但由于标识 1 已识别完毕，不执行装配预定位计划。

5) 计划五：杆件移动至装配区

对于对象 E4，由于 E4 的装配位置仅处于机器人的可达范围之内，将 T6PL5TL 分配为 R 类任务，操作代码为 T6PL5TL$_R$。

6) 计划六：杆件与节点的定位

对于对象 E4，由于定位难度为简单且 T6PL4Sh 已分配为 R 类任务，将 T6PL6P 分配为 R 类任务，操作代码为 T6PL6P$_R$。

7) 计划七: 杆件与节点的装配

在此装配场景中,由于球节点接头与杆件接头具有的优化结构,装配对操作能力的要求并不高。对于对象 E4,装配电气杆的装配力要求在人的有效载荷范围之内,交予人或机器人均可,先将其分配为 H/R 类任务。由于 T6PL6P 已分配为 R 类任务,将 T6PL7A 分配为 R 类任务,操作代码为 T6PL7A$_R$。

8) 计划八: 装配完成

对于对象 E4,由于 T6PL7A 已被分配为 R 类任务,将 T6PL8RL 分配为 R 类任务,操作代码为 T6PL8RL$_R$。

9) 计划九: 离开装配区

由于 T6PL5TL 已被分配为 R 类任务,将 T6PL9TE 分配为 R 类任务,操作代码为 T6PL9TE$_R$。

至此,杆件 E4 装配完成。

4.4　桁架结构的人机协作装配仿真

通过任务仿真,既能验证空间直立桁架单元人机装配任务分配方案的合理性,也可以为后续进行试验奠定基础。由于条件的限制,试验需在地球重力环境下进行,本章节主要参考地面装配场景,进行桁架单元人机协同装配任务仿真。

4.4.1　桁架单元装配仿真的场景构建

以虚拟机器人试验平台(virtual robot experiment platform, V‐REP)作为仿真验证平台,搭建的桁架单元装配仿真场景如图 4.25 所示,主要包括装配机构、装配人员、装配对象三种要素。作为装配机构的桁架推送机构主要包括用于桁架单元支撑的框架及推进机构;作为装配人员的机械臂与人分布在支撑框架两侧,以实现协同装配,机械臂固定在底座上;作为装配对象的桁架单元,按照规划的装配序列依次在支撑框架内完成安装。

由于桁架单元为边长为 1 m 的立方体,为便于机械臂兼顾上下侧的杆件装配,机械臂采用侧装的方式固定于底座上。机械臂底座立柱前表面与桁架单元支撑框架中间型材外侧的距离约为 670 mm;机械臂底座右底板右表面与桁架单元支撑框架右侧型材外侧的距离约为 360 mm;机械臂基座轴线与底座底板上表面的距离约为 1 100 mm。标识 1 放置于桁架单元支撑框架中间型材中间位置;

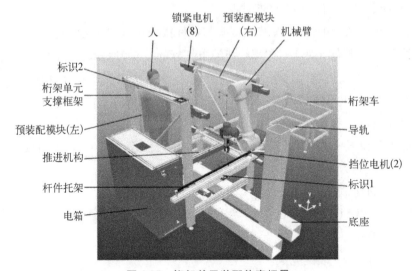

图 4.25 桁架单元装配仿真场景

标识 2 放置于机械臂左侧桁架单元支撑框架的上侧支架上。

4.4.2 桁架单元装配任务仿真

本节主要针对桁架单元人机协同装配任务进行仿真,确定机械臂运动轨迹及各根杆件装配方向,并验证空间直立桁架单元人机装配任务分配方案的合理性。

由图 4.25 可知,机械臂的工作空间受到极大限制,同时,在机械臂抓取杆件后执行操作的过程中,杆件极易与支撑框架发生干涉。通过在离线仿真场景 V - REP 中选择合适的运动路径,分别记录机械臂在各关键路径点的关节变量值序列和机械臂末端空间位姿。桁架单元实际装配过程中,关节控制模式下的机械臂将按照先前路径运动到指定位置;该指定位置作为机械臂起始位姿及关键路径点位姿,结合识别标识计算得到的目标位姿,进一步进行轨迹规划以控制机械臂按照该轨迹运动到最终位置。为了确保桁架单元装配过程的安全性,在关节控制模式下,将装配完成前的机械臂运动速度设置为 20°/s,装配完成后的机械臂运动速度设置为 30°/s;将末端控制模式下的机械臂运动速度设置为 1°/s。

杆件的装配方向受到机械臂的工作空间、杆件装配顺序、杆件装配位置等因素的影响,设计合理的杆件装配方向能够避免机器人与桁架单元或支撑框架产生碰撞,保证装配可靠性。为便于说明杆件装配方向,建立桁架单元内部坐标系,如图 4.25 所示。其中,x 轴正方向指向机器人侧杆件所在平面的内侧法线方向,z 轴正方向为单元推进方向。

1. 中间杆件的装配任务仿真

根据单根杆件的装配流程及任务分配方案,进一步得到中间杆件的装配流程,如图 4.26 所示。

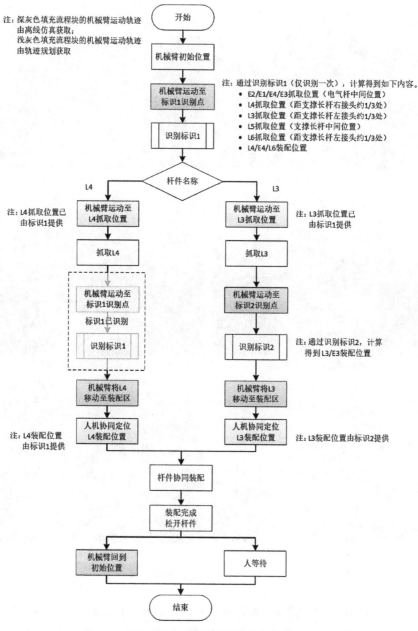

图 4.26　中间杆件的装配流程

1）杆件 L4 装配任务仿真

L4 是桁架单元中间下层的支撑长杆，在桁架单元 8 根待装配杆件中是第 1 根进行装配的杆件，其装配任务仿真过程如图 4.27 所示。

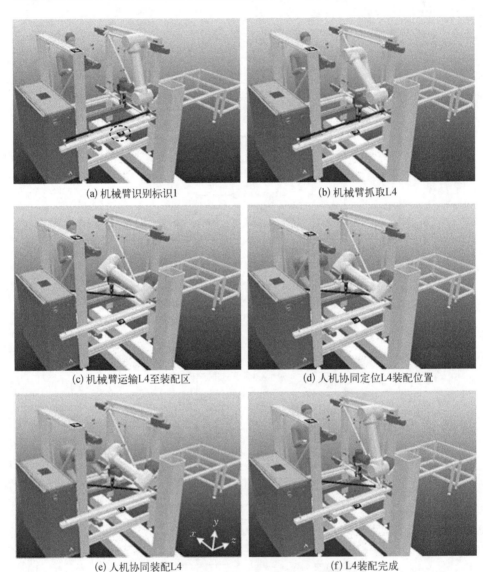

(a) 机械臂识别标识1   (b) 机械臂抓取L4

(c) 机械臂运输L4至装配区   (d) 人机协同定位L4装配位置

(e) 人机协同装配L4   (f) L4装配完成

图 4.27　L4 装配任务仿真过程

开始执行 L4 装配任务后，机械臂可在初始位置直接通过末端局部相机对标识 1 进行识别，即执行 $T1PL1TE_R$ 和 $T1PL1Sh_R$，在实际装配过程中，机械臂将通过识别标识 1 获取各根杆件的抓取位置及 L4、E4 和 L6 的装配位置。识别结束后,机械臂运动至 L4 抓取位置(距支撑长杆右接头约 1/3 处)抓取杆件,即执行 T1PL3TE$_R$ 和 T1PL3G$_R$。由于已对标识 1 进行了识别,不再执行装配预定位计划。机械臂执行 T1PL5TL$_R$ 后,由人机协同执行 T1PL6P$_C$ 和 T1PL7A$_C$,此处对任务分配结果进行细化,细化情况在后面详细说明。相应地,完成 T1PL8RL$_C$ 后,人机协同执行 T1PL8TE$_C$,机械臂回到初始位置,而人等待下一根杆件装配任务的开始。至此,装配 L4 任务结束。根据仿真结果,L4 沿 $-y$ 轴方向下压完成装配,如图 4.27(e)所示。

2) 杆件 L3 装配任务仿真

L3 是桁架单元中间上层的支撑长杆,在桁架单元 8 根待装配杆件中是第 3 根进行装配的杆件,其装配任务仿真过程如图 4.28 所示。

开始执行装配 L3 任务后,由于已对标识 1 进行了识别,不再执行抓取预定位计划。机械臂运动至 L3 抓取位置(距支撑长杆左接头约 1/3 处)抓取杆件,即执行 T3PL3TE$_R$ 和 T3PL3G$_R$。完成抓取后,机械臂运动至标识 2 识别点并通过末端局部相机对标识 2 进行识别,即执行 T3PL4TL$_R$ 和 T3PL4Sh$_R$。在实际装配过程中,机械臂将通过识别标识 2 获取各根杆件的抓取位置,以及 L3 和 E3 的装配位置。机械臂执行 T3PL5TL$_R$ 后,由于需要人机协同执行 T3PL6P$_C$ 和 T3PL7A$_C$,此处对任务分配结果进行细化,细化情况在后面详细说明。相应地,完成 T3PL8RL$_C$ 后,人机协同执行 T3PL8TE$_C$,机械臂回到初始位置,而人等待下一根杆件装配任务的开始。至此,装配 L3 任务结束。根据仿真结果,L3 沿 $-y$ 轴方向下压完成装配,如图 4.28(e)所示。

3) 细化任务分配方案

在对中间杆件装配任务进行仿真的过程中发现,在人机协同执行杆件与节点的定位计划的操作执行前,人未执行任何操作,一直处于等待状态。因此,在执行 TnPL6P$_C$ 前需先由人伸向目标杆件并进行抓取,即执行 TnPL6TE$_H$ 和 TnPL6G$_H$。相应地,由于装配完成后,人、机均需离开装配区,离开装配区计划中的伸手操作应为 H+R 类任务,即执行 TnPL9TE$_C$。根据上述内容细化任务分配方案。

2. 人侧杆件的装配任务仿真

根据单根杆件的装配流程及任务分配方案,进一步得到人侧杆件的装配流程,如图 4.29 所示。

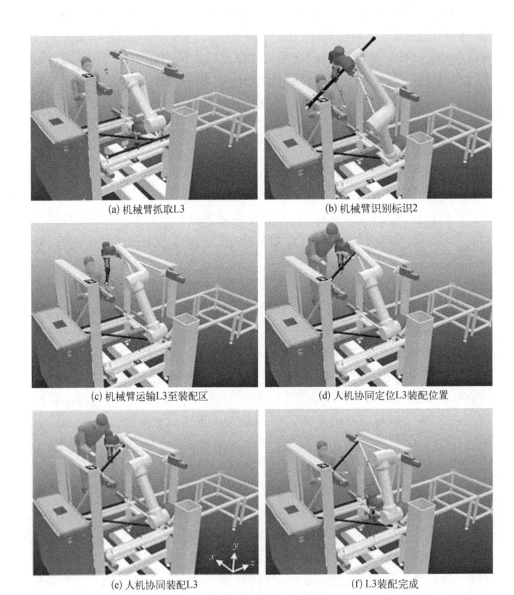

(a) 机械臂抓取L3

(b) 机械臂识别标识2

(c) 机械臂运输L3至装配区

(d) 人机协同定位L3装配位置

(e) 人机协同装配L3

(f) L3装配完成

图 4.28　L3 装配任务仿真过程

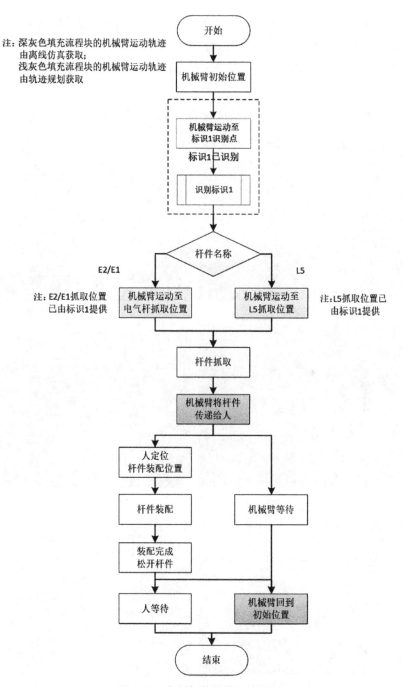

图 4.29　人侧杆件的装配流程

1）装配任务仿真

E2、E1 和 L5 分别为桁架单元人侧下层的电气杆、上层的电气杆和中层的支撑长杆,在桁架单元的 8 根待装配杆件中分别是第 2 根、第 4 根和第 5 根进行装配的杆件,具有相似的装配流程,人侧杆件的装配任务仿真过程如图 4.30 所示。

开始执行装配人侧杆件任务后,由于已对标识 1 进行了识别,不再执行抓取

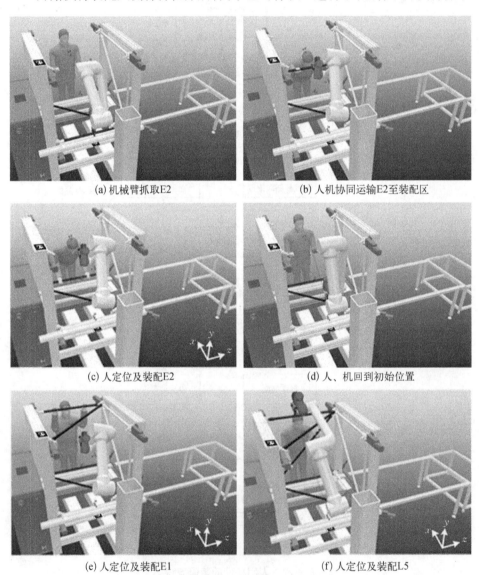

(a) 机械臂抓取E2   (b) 人机协同运输E2至装配区

(c) 人定位及装配E2   (d) 人、机回到初始位置

(e) 人定位及装配E1   (f) 人定位及装配L5

图 4.30 人侧杆件的装配任务仿真过程

预定位计划。机械臂运动至人侧杆件抓取位置(E2、E1 为电气杆中间位置;L5 为支撑长杆中间位置)抓取杆件,即执行 $TnPL3TE_R$ 和 $TnPL3G_R$。完成抓取后,人可在装配目标杆件过程中直接确定其装配位置,因此不执行装配预定位计划。由于抓取已由机械臂执行,而移物需由人机协同执行,即机械臂需将人侧杆件传递给人,此处进一步细化移物任务分配的人机操作,细化情况在后面详细说明。人机协同将杆件运输至装配区后,人执行 $TnPL6P_H$ 和 $TnPL7A_H$。完成人侧杆件的装配后,人执行 $TnPL8RL_H$,机械臂回到初始位置,而人等待下一根杆件装配任务的开始。至此,人侧杆件的装配任务结束。

根据仿真结果,E2 沿 $-y$ 轴方向下压完成装配,如图 4.30(c)所示;E1 沿 $-x$ 轴方向侧推完成装配,如图 4.30(e)所示;L5 沿 $-x$ 轴方向侧推完成装配,如图 4.30(f)所示。

2)细化任务分配方案

根据人侧杆件的装配任务仿真过程,人机协同执行 $TnPL5TL_C$,表示装配中机械臂将杆件传递给人的这一过程,因此需将 $TnPL5TL_C$ 进一步细化为 $TnPL5TL_R$ 表示的机械臂移物、$TnPL5TE_H$ 表示的人伸手、$TnPL5G_H$ 表示的人握取、$TnPL5RL_R$ 表示的机械臂放手和 $TnPL5TL_H$ 表示的人移物这 5 个操作。根据上述内容细化任务分配方案。

3. 机侧杆件的装配任务仿真

根据单根杆件的装配流程及任务分配方案,进一步得到机侧杆件的装配流程,如图 4.31 所示。

E4、L6 和 E3 分别是桁架单元机侧下层的电气杆、中层的支撑长杆和上层的电气杆,在桁架单元的 8 根待装配杆件中分别是第 6 根、第 7 根和第 8 根进行装配的杆件,具有相似的装配流程,机侧杆件的装配任务仿真过程如图 4.32 所示。

开始执行装配机侧杆件任务后,由于已对标识 1 进行了识别,不再执行抓取预定位计划。机械臂运动至机侧杆件抓取位置(E4、E3 为电气杆中间位置;L6 距支撑长杆左接头约 1/3 处)抓取杆件,即执行 $TnPL3TE_R$ 和 $TnPL3G_R$。完成抓取后,由于已对标识 1、标识 2 进行了识别,不再执行装配预定位计划。机械臂执行 $TnPL5TL_R$ 后,自主执行 $TnPL6P_R$ 和 $TnPL7A_R$。完成机侧杆件装配后,机械臂执行 $TnPL8RL_R$,回到初始位置。至此,装配机侧杆件任务结束。

根据仿真结果,E4 沿 $-y$ 轴方向下压完成装配,如图 4.32(c)所示;L6 沿 x 轴方向侧推完成装配,如图 4.32(e)所示;E3 沿 $-y$ 轴方向下压完成装配,如图 4.32(f)所示。

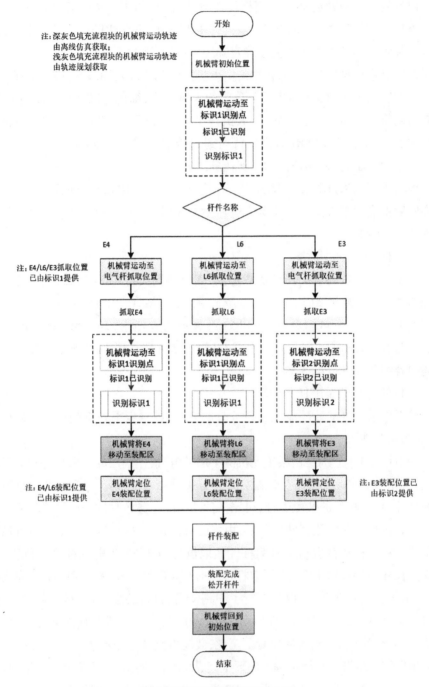

图 4.31 机侧杆件的装配流程

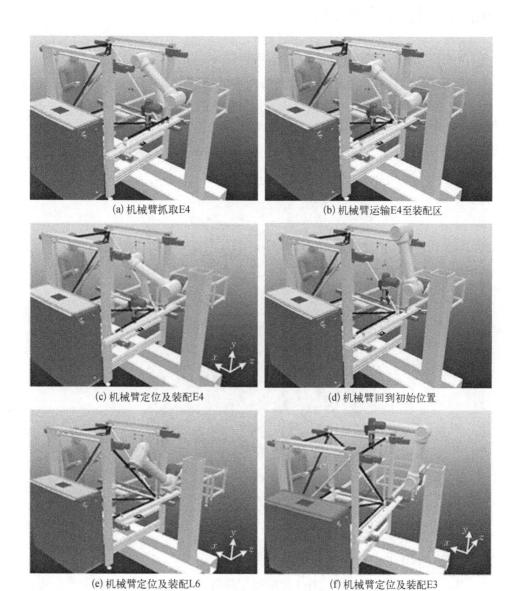

(a) 机械臂抓取E4　　　　　　　　　(b) 机械臂运输E4至装配区

(c) 机械臂定位及装配E4　　　　　　(d) 机械臂回到初始位置

(e) 机械臂定位及装配L6　　　　　　(f) 机械臂定位及装配E3

图 4.32　机侧杆件的装配任务仿真过程

4.5　人机协作的装配验证

4.5.1　基于双臂协作机器人的装配验证

桁架单元实体如图 4.33 所示,其装配验证按照仿真中的单元装配流程进行,最初采用 Baxter 双臂协作机器人进行作业。由于试验中机器人不具备平移与升降功能,最初先采用无底座的桁架单元,先装配电气杆 1、电气杆 2、电气杆 3、长杆 1、长杆 3 共计 5 根杆件,剩下的电气杆 4、长杆 2、长杆 4 在安装底座后进行装配。

图 4.33　桁架单元实体

1. 电气杆 1 装配验证

Baxter 机器人右臂将电气杆 1 运输至工位后,移动并调整电气杆 1 的位姿,将电气杆 1 运输至人附近。人从 Baxter 机器人右臂中接过电气杆 1 后,将电气杆 1 末端对准并插入节点 1 多功能卡扣中。电气杆 1 装配过程如图 4.34 所示。

2. 长杆 1 装配验证

Baxter 机器人右臂将长杆 1 运输至工位后,Baxter 机器人与人协同对准杆件

(a) 运输至工位

(b) 运输至人附近

(c) 人接过杆件

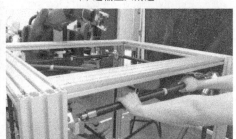
(d) 人进行对准

(e) 人完成杆件装配

图 4.34　电气杆 1 装配过程

末端与节点接头并协同完成杆件装配。装配完成后,Baxter 机器人右臂离开工位。长杆 1 装配过程如图 4.35 所示。

(a) 运输至工位

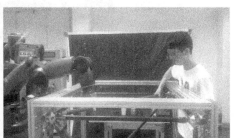
(b) 人机协同对准

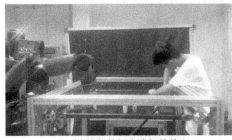

(c) 人机协同完成杆件装配　　　　　　　(d) 离开工位

图 4.35　长杆 1 装配过程

3. 电气杆 2 装配验证

Baxter 机器人右臂移动并调整电气杆 2 的位姿,将电气杆 2 运输至人附近。人从 Baxter 机器人右臂中接过电气杆 2 后,将电气杆 2 末端对准并插入节点 4 多功能卡扣中,完成电气杆 2 的安装。电气杆 2 装配过程如图 4.36 所示。

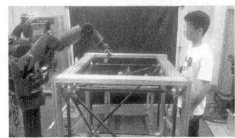

(a) 运输至人附近　　　　　　　　　　　(b) 人接过杆件

(c) 人完成杆件装配

图 4.36　电气杆 2 装配过程

4. 长杆 3 装配验证

Baxter 机器人右臂将长杆 3 运输至工位后,移动并调整长杆 3 的位姿,将长杆 3 运输至人附近。Baxter 机器人右臂将长杆 3 传递给人,人将长杆 3 两端按压进入节点 2_1 与节点 1_4 的多功能卡扣中,使杆件两端套筒完全弹出,完成长杆 3 的安装。长杆 3 装配过程如图 4.37 所示。

(a) 运输至工位　　　　　　　　　　(b) 运输至人附近

(c) 人接过杆件　　　　　　　　　　(d) 人完成杆件装配

图 4.37　长杆 3 装配过程

5. 长杆 2 装配验证

Baxter 机器人右臂抓握长杆 2,将其运输至工位后,移动并调整长杆 2 的位姿,对长杆 2 两端与节点接头进行粗定位。人与 Baxter 机器人协同完成长杆 2 两端与节点接头的精确对准后,将长杆 2 末端按压进入节点 4 的多功能卡扣中,使杆件两端套筒完全弹出,完成长杆 2 的安装。装配完成后,Baxter 机器人右臂离开工位。长杆 2 装配过程如图 4.38 所示。

(a) 抓握杆件　　　　　　　　　　(b) 运输至工位

(c) 粗对准

(d) 人机协同完成杆件装配

(e) 离开工位

图 4.38　长杆 2 装配过程

6. 电气杆 3 装配验证

Baxter 机器人右臂移动至电气杆杆箱附近,抓握电气杆 3,将电气杆 3 按指定路径运输至工位附近后,移动并调整电气杆 3 的位姿,进行两端接头的预定位。当 Baxter 机器人右臂进行两端接头的定位后,人协同 Baxter 机器人按压,使两端接头完成装配。装配完成后,Baxter 机器人右臂离开工位。电气杆 3 装配过程如图 4.39 所示。

7. 长杆 4 装配验证

Baxter 机器人右臂将长杆 4 运输至工位后,移动并调整长杆 4 位姿,进行两端接头的预定位。当右臂进行两端接头的定位后,人协同 Baxter 机器人按压,使两端接头完成装配。装配完成后,Baxter 机器人右臂离开工位。长杆 4 装配过程如图 4.40 所示。

8. 电气杆 4 装配验证

Baxter 机器人右臂将电气杆 4 运输至工位后,自主完成两端接头装配。电气杆 4 装配过程如图 4.41 所示。

本次试验过程中,Baxter 协作机器人具有与人相似的双臂结构,能够利用冗余自由度实现避奇异、避关节极限和避障,能够完成双臂搬运柔性物体等复杂操

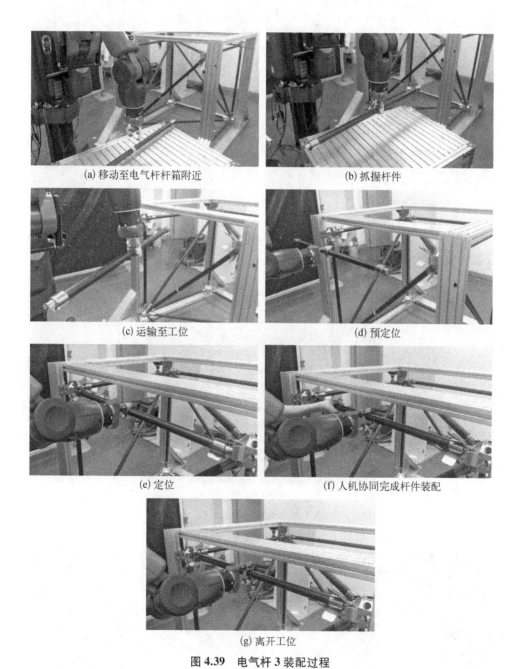

(a) 移动至电气杆杆箱附近

(b) 抓握杆件

(c) 运输至工位

(d) 预定位

(e) 定位

(f) 人机协同完成杆件装配

(g) 离开工位

图 4.39　电气杆 3 装配过程

(a) 运输至工位

(b) 预定位

(c) 定位

(d) 人机协同完成杆件装配

(e) 离开工位

图 4.40 长杆 4 装配过程

(a) 运输至工位

(b) 对准定位

(c) 自主完成杆件装配

图 4.41　电气杆 4 装配过程

作,但存在体积大、重量大、绝对定位精度较差、相机分辨率低、标志的识别能力弱
等缺点,考虑到 Baxter 协作机器人在进行人机协同装配任务中存在的不足之处,在
后期试验中选用定位精度更高、有效负载更大的 6 自由度 Jaka Zu12 机械臂。

4.5.2　基于 6 自由度机械臂的装配验证

桁架单元实体如图 4.42 所示,为提高杆件装配可靠性,提高其装配效率,采
用 Jaka Zu12 机械臂进行桁架单元的装配。

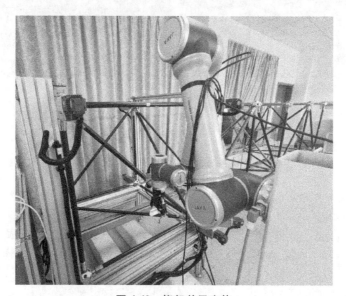

图 4.42　桁架单元实体

1. 长杆 1 装配验证

长杆 1 的装配过程如图 4.43 所示,机械臂在初始位置对标识 1 进行识别

后,根据标识 1 识别结果运动至 L4 的放置位置并完成对 L4 的抓取;根据离线仿真结果,按指定路径中关键位置点的各个关节角度,将 L4 移动至装配区。机械臂按照标识 1 识别结果、轨迹规划结果,与人协同定位 L4 的装配位置并完成装配。L4 装配完成后,人、机回到初始位置。

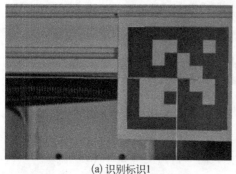

(a) 识别标识1	(b) 移动L4至装配区

(c) 人机协同定位L4的装配位置	(d) 人机协同装配L4

图 4.43　长杆 1 装配过程

2. 电气杆 2 装配验证

电气杆 2 的装配过程如图 4.44 所示。机械臂根据标识 1 识别结果运动至

(a) 机械臂移动至E2抓取位置	(b) 抓取E2

<table>
<tr><td>(c) 将E2传递给人</td><td>(d) 人定位并装配E2</td></tr>
</table>

图 4.44　电气杆 2 装配过程

E2 的放置位置并完成 E2 的抓取动作后,根据离线仿真结果,将 E2 按指定路径中关键位置点的各个关节角度移动并传递给人,机械臂回到初始位置,由人完成 E2 的定位及装配。

3. 长杆 3 装配验证

长杆 3 的装配过程如图 4.45 所示。机械臂根据标识 1 识别结果运动至 L3

<table>
<tr><td>(a) 识别标识2</td><td>(b) 移动L3至装配区</td></tr>
</table>

 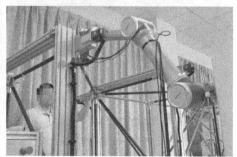

<table>
<tr><td>(c) 人机协同定位L3装配位置</td><td>(d) 人机协同装配L3</td></tr>
</table>

图 4.45　长杆 3 装配过程

的放置位置并完成 L3 的抓取动作后,根据离线仿真结果,运动至标识 2 识别点并对标识 2 进行识别。完成对标识 2 的识别后,根据离线仿真结果,机械臂将按指定路径中关键位置点的各个关节角度将 L3 移动至装配区,按照标识 2 的识别结果、轨迹规划结果,与人协同定位 L3 的装配位置并完成装配。L3 装配完成后,人、机回到初始位置。

4. 电气杆 1 装配验证

电气杆 1 的装配流程与 E2 相同,其试验过程如图 4.46 所示。

(a) 将E1传递给人　　　　　　　　　(b) 人定位并装配E1

图 4.46　电气杆 1 装配过程

5. 长杆 5 装配验证

长杆 5 的装配流程与 E2 相同,其试验过程如图 4.47 所示。

(a) 将L5传递给人　　　　　　　　　(b) 人定位并装配L5

图 4.47　长杆 5 装配过程

6. 电气杆 4 装配验证

电气杆 4 的装配过程如图 4.48 所示。机械臂根据标识 1 识别结果运动至 E4 的放置位置并完成 E4 的抓取动作后,根据离线仿真结果,按指定路径中关键位置点的各个关节角度,将 E4 移动至装配区。机械臂根据标识 1 的识别结果、轨迹规划结果定位 E4 的装配位置并完成装配。E4 装配完成后,机械臂回到初始位置。

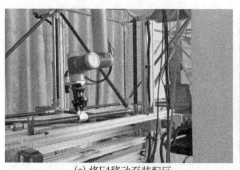
(a) 将E4移动至装配区

(b) 定位E4的装配位置

(c) 装配E4

(d) 机械臂回到初始位置

图 **4.48**　电气杆 **4** 装配过程

7. 长杆 6 装配验证

长杆 6 的装配过程与 E4 相同,其试验过程如图 4.49 所示。

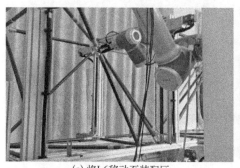
(a) 将L6移动至装配区

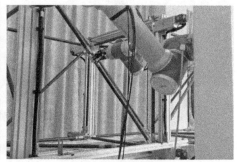
(b) 定位L6的装配位置

(c) 装配L6   (d) 机械臂回到初始位置

图 4.49　长杆 6 装配过程

8. 电气杆 3 装配验证

除根据标识 2 识别结果进行定位外，电气杆 3 的装配过程与 E4 相同，其装配过程如图 4.50 所示。

(a) 将E3移动至装配区   (b) 定位E3的装配位置

(c) 装配E3   (d) 机械臂回到初始位置

图 4.50　电气杆 3 装配过程

本次试验过程中，Jaka Zu12 机械臂具有定位精度高（重复定位精度为 ±0.03 mm）、有效负载大（地面有效负载为 12 kg）、体积小（与 Baxter 机器人相比)、工作半径大(工作半径最大可达 1 327 mm)等优点,但自重大(41 kg)、不便于拖动示教,且只有 6 个自由度,无腰部旋转功能,易达到运动奇异点,从而导致装配的动作中止。

4.6　小结

本章针对大型空间直立桁架单元的装配问题,在参考国内外大型空间结构在轨装配研究的基础上,根据空间直立桁架单元装配任务的特征,提出了一种基于能力的直立桁架单元人机装配任务分配方法,主要如下:

(1)建立了基于层次任务分析的空间直立桁架单元装配任务模型。首先,通过对任务特征进行分析,建立优先约束关系分类模型,规划出连接杆件的装配序列;其次,利用动素分析法对单根杆件的装配流程进行定量分析,确定各动素相应的动作属性;最后,基于层次任务分析模型,建立空间直立桁架单元装配任务模型并以 XML 格式的文件进行描述。

(2)制定了基于能力的空间直立桁架单元人机装配任务分配策略。首先,通过分析空间环境下的人机能力特点,确定了空间直立桁架装配场景中人机装配作业的能力约束;其次,建立了以空间直立桁架装配任务模型和人机能力约束为输入、以任务分配方案为输出的人机装配任务分配体系;最后,根据桁架单元人机装配任务分配流程实现任务分配并以操作代码表示任务分配方案。

(3)对空间直立桁架单元的人机协同装配任务进行了仿真。首先,基于空间直立桁架装配场景,搭建了桁架单元人机协同装配仿真场景,然后通过任务仿真确定各根杆件的装配方向并对任务分配方案进行了细化。

(4)通过地面试验平台,开展了桁架单元人机协同装配地面试验,验证了装配任务分配方案的可行性。

第 5 章

机器人装配操作与协调控制

本章节以机器人装配任务为主要研究对象,围绕大型直立桁架的在轨装配问题,制定出直立桁架在轨组装策略,使得机器人能协同航天员完成直立桁架的装配任务,对提高空间环境下直立桁架的自动化装配程度,减少航天员复杂劳动具有重要意义。

5.1 视觉位姿测量与工作空间规划

为了提高机械臂自主装配桁架杆件的灵活性与适用性,机械臂通过视觉获取杆件的初始放置位姿与最终安装位姿,针对基于视觉的目标位姿检测问题,本章在结合杆件的结构尺寸基础上,提出一种基于标识的目标位姿检测方法,对相机参数和手眼关系进行了标定。为了解决机械臂抓取杆件后在运输过程中可能产生的碰撞问题,对机械臂在工作空间进行运动规划,通过试验验证了方法的可行性。

5.1.1 机械臂视觉系统标定

机械臂通过视觉系统将相机采集的图像信息转换为基坐标系下的标识位姿信息,实现机械臂对标识的定位。转换关系分为三维空间中平面标识几何信息与相机采集图像信息之间的转换、相机与机械臂空间位姿之间的转换。确定上述转换关系中目标参数的过程即视觉系统的标定,可分为 Basler 相机参数标定与机械臂手眼关系标定。

1. Basler 相机参数标定

RGB 相机采集的图像与实际物体间的投影转换关系根据相机自身的成像

模型决定[131]，图 5.1 为相机针孔成像模型。

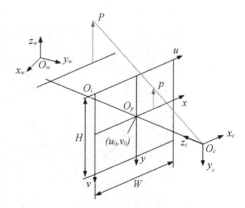

三维空间中点 P 到二维平面中点 p 的投影过程涉及世界坐标系 $\{O_w\}$、相机坐标系 $\{O_c\}$、物理坐标系 $\{O_p\}$ 与像素坐标系 $\{O_i\}$ 四个坐标系间的转换。

取点 P 在世界坐标系下的坐标为 (x_w,y_w,z_w)，点 p 在像素坐标系下坐标为 (u,v)，像素坐标系原点坐标为

图 5.1　相机成像模型

(u_0,v_0)，相机焦距为 f，像素在 x、y 方向上物理尺寸分别为 dx、dy。根据相机针孔成像模型可得到理想状态下点 P 与对应投影点 p 间的转换关系如式（5.1）所示[132]。

$$
h\begin{bmatrix} u \\ v \\ 1 \end{bmatrix} = \begin{bmatrix} f_x & 0 & u_0 & 0 \\ 0 & f_y & v_0 & 0 \\ 0 & 0 & 1 & 0 \end{bmatrix} \begin{bmatrix} R & T \\ 0^{\mathrm{T}} & 1 \end{bmatrix} \begin{bmatrix} x_w \\ y_w \\ z \\ 1 \end{bmatrix} = M_1 M_2 \begin{bmatrix} x_w \\ y_w \\ z \\ 1 \end{bmatrix} \tag{5.1}
$$

式中，h 为比例因子；$f_x = f/dx$；$f_y = f/dy$；R 与 T 分别为相机坐标系与世界坐标系之间的旋转矩阵与平移矩阵；M_1 为相机内部参数矩阵；M_2 为相机外部参数矩阵。

相机镜片在实际制造过程中会产生失真，导致相机成像出现非线性畸变，包括径向畸变、离心畸变与薄棱镜畸变，会影响后续标识检测精度，故需对使用的相机进行标定以校正畸变和获取内部参数[133]。内部参数包括相机的焦距、镜头畸变与成像中心点等基本成像参数；外部参数指相机在世界坐标系下的空间位姿。

本节选用 Basler 工业相机，采用张正友平面标定法对相机进行标定，选用规格为 11×8 的棋盘格，内部边长为 15 mm。标定过程中，棋盘格位姿固定，变换相机位姿，采集 12 幅图片，如图 5.2 所示。通过标定得到 Basler 相机内部参数，如表 5.1 所示。通过计算重投影点像素坐标与亚像素角点坐标之间的差值，得到每幅图片的角点平均误差，如表 5.2 所示。

图 5.2　Basler 相机参数标定试验（采集图像）

表 5.1　Basler 相机内部参数标定结果

相机内部参数	标定数据	相机内部参数	标定数据
f_x	7 245.9	p_1	0.000 633 36
f_y	7 244.3	p_2	−0.001 0
u_0	1 200.0	k_1	0.032 6
v_0	1 049.0	k_2	0.173 5

表 5.2　图片角点平均误差

采集图片序号	角点平均偏差（像素）	采集图片序号	角点平均偏差（像素）
1	0.122 535	7	0.130 597
2	0.124 448	8	0.126 494
3	0.108 612	9	0.128 935
4	0.117 687	10	0.138 771
5	0.122 98	11	0.096 537
6	0.131 029	12	0.132 702

通过标定得到的相机内部参数对图片进行修正，如图 5.3 所示。

2. 机械臂手眼关系标定

1）手眼标定系统

在机械臂自主装配过程中，杆件的初始放置位姿与最终安装位姿通过相机获得,但相机通过检测识别得到的杆件位姿信息是基于相机坐标系的,机械臂无法直接获知,因此必须先确定相机与机械臂坐标系之间的位姿转换关系,即对机械臂与相机进行手眼关系标定。根据相机安装位置手眼关系,标定可分为眼在手上(eye-in-hand, EIH)与眼在手外(eye-to-hand, ETH)两种。由于 EIH 系统中的相机固定在机械臂末端,观察方式灵活且不易被遮挡,但观察角度存在变化,无法确保目标一直处在相机视场内部,适合有较高定位精度要求的场景。ETH系统安装位置固定,因而视场固定,导致机械臂在运动过程中容易产生遮挡[134]。机械臂抓取杆件与安装杆件时对局部识别检测精度的要求较高,因此选用 EIH 系统,建立手眼系统标定模型如图 5.4 所示。

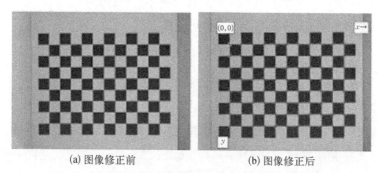

(a) 图像修正前　　　　　　　　　　(b) 图像修正后

图 5.3　图像修正前后对比

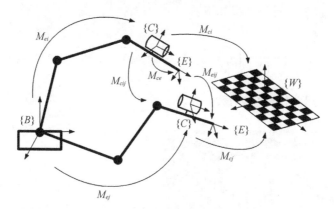

图 5.4　EIH 手眼系统标定模型

当机械臂发生运动时,记录机械臂末端坐标系 $\{E\}$ 运动起始与结束时相对基坐标系 $\{B\}$ 的位姿变换矩阵分别为 M_{ei} 与 M_{ej},相机坐标系 $\{C\}$ 相对标定板坐标系 $\{W\}$ 的位姿变换矩阵为 M_{ci} 与 M_{cj},相机坐标系 $\{C\}$ 相对机械臂末端坐标系 $\{E\}$ 的位姿变换矩阵为 M_{ce}。由于标定板与机械臂基坐标相对位置固定,可得

$$M_{ei}M_{ce}M_{ci} = M_{ej}M_{ce}M_{cj} \tag{5.2}$$

变换可得

$$\left(M_{ej}^{-1}M_{ei}\right)M_{ce} = M_{ce}\left(M_{cj}M_{ci}^{-1}\right) \tag{5.3}$$

即

$$M_{eij}M_{ce} = M_{ce}M_{cij} \tag{5.4}$$

式中，M_{cij}、M_{eij} 分别表示机械臂末端与相机在运动结束时相对起始状态的位姿变换矩阵。

将式(5.4)展开可得手眼标定基本方程如式(5.5)所示：

$$\begin{cases} R_{eij}R_{ce} = R_{ce}R_{cij} \\ \left(R_{eij} - I\right)T_{ce} = R_{ce}T_{cij} - T_{eij} \end{cases} \tag{5.5}$$

式中，R_{eij}、R_{ce}、R_{cij} 分别为矩阵 M_{eij}、M_{ce}、M_{cij} 的旋转分量；T_{eij}、T_{ce}、T_{cij} 分别为矩阵 M_{eij}、M_{ce}、M_{cij} 的平移分量。

通过式(5.5)求解得到相机坐标系相对机械臂末端坐标系的旋转矩阵 R_{ce} 与平移矩阵 T_{ce}，常用求解方法包括 Tsai-Lenz 法[135]、Navy 法[136]、空间直积法[133] 等，综合求解方法的可靠性与稳定性，选用 Tsai-Lenz 法，即先求解出 R_{ce}，再代入式(5.5)中求解 T_{ce}，计算结果如下：

$$R_{ce} = \left(1 - \frac{|N_{ce}|^2}{2}\right)I + \frac{1}{2}\left[N_{ce}N_{ce}^{\mathrm{T}} + \sqrt{4 + |N_{ce}|^2}\,\text{skew}(N_{ce})\right] \tag{5.6}$$

式中，$\text{skew}(\ )$ 为时钟偏移函数。

图 5.5　机械臂手眼标定场景

$$\left(R_{eij} - I\right)T_{ce} = R_{ce}T_{cij} - T_{eij} \tag{5.7}$$

综上所述，从而求解出相机坐标系 $\{C\}$ 相对机械臂末端坐标系 $\{E\}$ 的位姿转换矩阵。

2）手眼标定结果

手眼标定试验中，将标定板固定在底座架上，控制机械臂变换末端位姿并采集相机图像(图5.5)，按照张正友标定法原理,机械臂末端每次移动时应使标定板完全出现在相机视场中且分布均匀,末端连杆轴线应避免平行,标定过程中不能改变相机焦距与光圈,拍摄 8 组图片并记录机械臂末端位姿(图 5.6)。

图 5.6 手眼标定试验采集图片

通过对相机标定获得相机坐标系相对标定板坐标系的位姿变换,见表 5.3,其中 r_x、r_y、r_z 表示旋转向量分量;t_x、t_y、t_z 表示平移向量分量。

表 5.3 相机外部参数

组　数	r_x/rad	r_y/rad	r_z/rad	t_x/mm	t_y/mm	t_z/mm
1	0.011 5	0.018 3	−0.007 6	−63.728 5	−55.043 4	687.091 3
2	−0.347 3	−0.086 3	0.431 4	−31.558 3	−88.919 4	760.108 5
3	−0.344 9	0.036 4	−0.111 0	−91.362 1	−49.760 8	705.872 5
4	0.312 2	−0.033 8	−0.015 5	−39.526 9	−61.031 4	716.775 8
5	0.318 2	−0.256 2	−0.000 2	−84.235 1	−56.077 9	681.789 9
6	0.264 9	−0.274 2	0.022 8	−30.858 4	−62.549 4	682.099 2
7	0.366 0	−0.035 7	−0.028 0	−39.652 4	−58.596 7	715.985 1
8	0.291 5	0.246 5	−0.006 8	−38.130 2	−81.031 8	715.814 2

记录 8 次移动时机械臂末端相对机械臂基坐标系的位姿变换,见表 5.4,其中 r_x、r_y、r_z 表示旋转向量分量;t_x、t_y、t_z 表示平移向量分量。

表 5.4 机械臂末端位姿

组　数	r_x/rad	r_y/rad	r_z/rad	t_x/mm	t_y/mm	t_z/mm
1	1.617 0	0.538 0	0.023 3	134.209	93.592	931.980
2	1.021 9	0.906 3	−0.486 3	103.511	64.866	660.511
3	1.220 1	0.418 9	−0.143 7	121.004	13.671	683.347

（续表）

组 数	r_x/rad	r_y/rad	r_z/rad	t_x/mm	t_y/mm	t_z/mm
4	1.959 5	0.497 4	0.146 2	193.212	136.050	1 152.006
5	1.972 6	0.545 9	−0.064 1	302.46	95.346	1 152.010
6	1.911 8	0.574 7	−0.109 2	364.284	82.738	1 104.582
7	2.016 3	0.474 6	0.169 6	193.799	129.552	1 193.926
8	1.928 9	0.472 8	0.407 9	−6.978	118.820	1 112.198

使用 Tsai-Lenz 法处理上述两组数据,通过在 Matlab 中求解联立方程得到相机坐标系相对于机械臂末端坐标系的位姿转换齐次矩阵:

$$\begin{bmatrix} -0.859\,5 & 0.515\,8 & -0.017\,1 & -53.269\,4 \\ -0.516\,1 & -0.856\,3 & 0.018\,7 & 89.794\,8 \\ -0.005\,0 & 0.024\,8 & 0.999\,7 & 18.092\,6 \\ 0 & 0 & 0 & 1 \end{bmatrix}$$

使用最小二乘法计算出手眼标定的最大姿态偏差为 0.002 0 rad,最大位置偏差为 0.882 5 mm,满足实际装配过程中的精度要求。

5.1.2　杆件目标位姿检测

1. 标识的选取与检测识别

1) 标识选取与编码

机械臂自主装配杆件包括电气杆与支撑长杆,考虑到杆件的长度尺寸较大(电气杆约 0.8 m,支撑长杆约 1.2 m)且球节点处安装多个接头,采用特征提取方法与人工标识相比,识别过程复杂且可靠性与可操作性较低。而相对采用平面标识而言,采用贴在杆件表面的曲面标识的识别精度较低且稳定性较差,因此采用在杆件与球节点处放置平面标识以实现杆件的检测识别。

常用于装配场景中的平面标识包括 ARToolkit 与 ARTag,前者通过模板匹配方式检测,算法实现复杂度高,耗时较长;后者直接通过边缘检测与内部编码来识别标识,在快速识别的同时且能确保准确性。

在桁架单元装配过程中,平面标识应满足下述要求:① 易于检测,满足空间环境中桁架装配的时效要求;② 易于识别,由于桁架单元装配过程中涉及多根杆件装配,需采用多个标识,且不同标识能被快速识别。因此,选用 ARTag 作为平面标识。

ARTag 内部采用黑白两种颜色,易于周围环境区分,标识外框边缘为黑色,易于检测;而内部黑白方块则按照海明编码方式排列,用于识别与区分方向。其中,海明编码能够通过奇偶校验原理检查出二进制数据中出错的 1 位数据并进行纠正,可用于传递标识编号。海明编码通过在二进制数据中按规则插入校验位,当任意一位数据出错时,整个数据的校验都会得到不同结果,从而确定出错位置。假设传输数据有 N 位,校验码有 M 位,则校验码有 2^M 种取值,对应传输数据全部正确,其余 2^M-1 种表示任意一位出错,则 M 应满足 $2^M-1 \geqslant N+M$。校验码插入的位置为二进制数据中 2 的整数幂,校验位数值常选用偶校验进行计算[137]。以 7×7 标识为例,去除黑色外边,其内部为 5×5 方块矩阵,黑白方块分别记为 0 与 1,每行共有 3 个校验位、2 个信息位,有 4 种表示方法,故整个标识可以表示 1 024 种数据。由于检测过程中可能会有四种方向,选取海明距离值最小的作为正方向。

2）标识的检测识别

当机器人开始抓取或定位杆件时,相机开始检测视场中是否有满足要求的标识,主要步骤包括如下内容。

（1）图像预处理。将相机采集视频帧使用自适应阈值进行阈值化处理。

（2）轮廓检测。提取轮廓并筛选候选区中满足下述条件的轮廓:① 有 4 个顶点且为凸多边形;② 相邻顶点间距的最小值大于间距阈值;③ 计算相邻四边形的间距,若小于间距阈值则保留间距较大的四边形,并通过计算有向面积将轮廓顶点按逆时针排序。

（3）透视变换并 Otsu 阈值化。通过透视变换得到候选轮廓正视图,使用 Otsu 阈值化分离黑色与白色像素。

（4）划分网格,判断边界是否全为黑（图 5.7）。

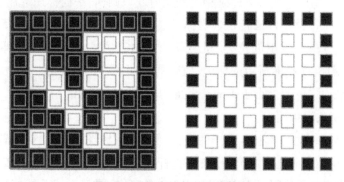

图 5.7　透视变换与单元格检测

（5）提取编码并解码获得标识 ID,去除编码不匹配候选区域。

（6）角点细化,用于提高标识位姿检测精度。

按照上述流程编写程序即可检测并识别相机视场中的标识 ID,为后续标识位姿检测提供有效信息。

2. 杆件目标位姿检测

1）标识位姿检测

当相机检测到标识后,通过求解 PnP 问题获取相机外部参数,即标识坐标系与相机坐标系之间的位姿转换关系。标识坐标系 $\{W\}$ 相对机械臂基坐标系 $\{B\}$ 的位姿转换关系如下:

$$
{}_W^B T = {}_E^B T {}_C^E T {}_W^C T \tag{5.8}
$$

式中, ${}_W^C T$ 表示标识坐标系相对相机坐标系的位姿转换矩阵,通过标识位姿检测程序可以获得; ${}_C^E T$ 表示相机坐标系相对机械臂末端坐标系的位姿转换矩阵,通过 5.1.1 节手眼标定获得; ${}_E^B T$ 表示机械臂末端相对机械臂的位姿转换矩阵,通过机械臂的 D−H(Denavit-Hartenberg)参数并由机器人操作系统(robot operating system, ROS)环境下的 Jaka 机械臂中的订阅功能获得。实际运算中展开为

$$
\begin{bmatrix} {}_W^B R & {}_W^B T \\ 0^{\mathrm{T}} & 1 \end{bmatrix} = \begin{bmatrix} {}_E^B R & {}_E^B T \\ 0^{\mathrm{T}} & 1 \end{bmatrix} \begin{bmatrix} {}_C^E R & {}_C^E T \\ 0^{\mathrm{T}} & 1 \end{bmatrix} \begin{bmatrix} {}_W^C R & {}_W^C T \\ 0^{\mathrm{T}} & 1 \end{bmatrix} \tag{5.9}
$$

因此,机械臂可以通过视觉检测到标识与自身的相对位置关系,实现后续杆件的抓取与安装。

为验证标识检测算法的精确性,搭建标识检测平台,如图 5.8(a)所示。Basler 工业相机通过连接板安装在机械臂末端法兰盘,上位机在 Ubuntu 系统下通过 OpenCV 调用并处理 Basler 相机的实时获取画面,平面标识选用规格为 7×7 且边长为 10 cm 的 ARTag 标识。当标识被相机检测识别后可由式(5.9)转换为标识在机械臂基坐标下的位姿,机械臂通过 ROS 中的订阅话题获取位姿信息后,驱动末端执行器逐渐趋近标识,执行器顶端最终定位在标识的几何中心,多次试验的平均定位偏差小于 1 mm,满足实际装配过程中的精度要求。

2）标识放置策略

桁架单元装配的 8 根连接杆件中,人侧的 3 根杆件只需要机械臂运输与传递,不需要定位与装配,中间两根支撑长杆 L3、L4 一端安装需要机械臂预定位,机侧的 3 根杆件 E3、L6、E4 需要机械臂自主定位,因而上述 5 根杆件装配时需

采用视觉系统获取安装位姿。此外,由于连接杆件包括支撑长杆与电气杆两类,初始放置位置在支撑托架上,托架两端通过限位板确保机械臂末端执行器在抓取杆件时不会出现杆件晃动、旋转、滑动等情况,杆件与执行器的相对位置确定,因而杆件初始放置位置也可以通过视觉系统获得(图 5.9)。

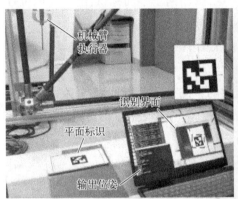

(a) 标识检测平台

(b) 相机识别标识

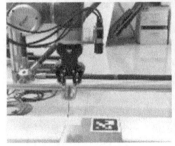

(c) 机械臂末端趋近标识

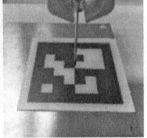

(d) 精准识别定位

(e) 定位结果

图 **5.8**　标识检测与定位试验

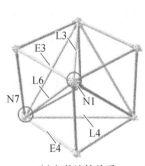

(a) 杆件连接关系

(b) 标识编号

图 **5.9**　标识放置策略

制定标识放置位置策略时应满足以下条件：① 位于相机视场中,在杆件装配时易被检测到且不会被遮挡;② 标识位置与杆件安装位置应较近,以减少标定误差;③ 标识位置固定,不会随桁架单元运动。

如图 5.9(a)所示,5 根杆件中的 L3、E3、L6 与球节点 N1 相连接,L6、E4、L4 与球节点 N7 相连接。考虑到杆件连接特点,选用两个平面标识,由于标识位置固定,无法放置在球节点端面,综合上述因素制定标识放置策略如下。

(1)标识 1 放置于机械臂右侧支撑框架的上侧支架上,标识 1 与球节点 N1 的相对位置关系如图 5.10(a)所示。

(2)标识 2 放置于桁架单元支撑框架的下侧支架上,标识 2 要兼顾杆件的初始放置位置与下侧杆件的安装位置,故放置在下侧支架中间位置,与球节点 N7 的相对位置关系如图 5.10(b)所示。

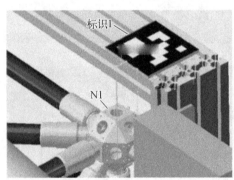

(a) 标识1放置位置   (b) 标识2放置位置

图 5.10 标识放置位置

当确定标识放置位置后,需对杆件目标安装位置与标识进行标定。实际过程中为便于标定引入球节点坐标系$\{N\}$,由于标识与球节点相对位置固定,二者间的变换关系$_{N}^{W}T$为常数矩阵。杆件目标安装位置点 p 由机械臂抓取杆件位置决定,安装姿态由各个杆件对应球端接头朝向确定,故点 p 相对球节点坐标系的位姿矩阵为常数矩阵,记为$_{P}^{N}T$,如图 5.11 所示。标识相对机械臂基坐标系的变换关系$_{W}^{B}T$可由相机识别获取,点 p 在机械臂基坐标系中的位姿如下所示:

$$_{P}^{B}T = {_{P}^{N}T}\,{_{N}^{W}T}\,{_{W}^{B}T} \tag{5.10}$$

展开为矩阵形式:

$$\begin{bmatrix} _{P}^{B}R & _{P}^{B}T \\ 0^{\mathrm{T}} & 1 \end{bmatrix} = \begin{bmatrix} _{P}^{N}R & _{P}^{N}T \\ 0^{\mathrm{T}} & 1 \end{bmatrix} \begin{bmatrix} _{N}^{W}R & _{N}^{W}T \\ 0^{\mathrm{T}} & 1 \end{bmatrix} \begin{bmatrix} _{W}^{B}R & _{W}^{B}T \\ 0^{\mathrm{T}} & 1 \end{bmatrix} \tag{5.11}$$

图 5.11　杆件装配坐标转换

通过位姿关系转换,机械臂可以通过单目相机识别平面标识并进行各个杆件的目标位姿测量,从而实现对杆件的识别抓取与定位安装。

5.1.3　机械臂工作空间运动规划

当机械臂通过视觉进行杆件目标位姿测量后,考虑到杆件的结构尺寸较大,不同于一般小物体的装配,因而当机械臂末端抓有杆件时需对其在工作空间内的运动进行规划,从而确保机械臂自主装配杆件过程能够顺利进行。

1. 机械臂工作空间分析

为兼顾上下侧杆件的安装,机械臂采用侧装的方式固定在底座架上,在进行运动规划前,首先需对机械臂进行工作空间分析,以验证任务场景是否可达。机械臂的工作空间指机械臂末端连杆在各个关节运动范围内所能达到的空间位置集合[138]。目前,主流机械臂的工作空间分析方法为数值计算法,即各关节角度确定后通过机械臂的正解,来计算末端位姿,本节选用蒙特卡洛方法分析工作空间。桁架单元舱外连接杆件的组装选用 Jaka Zu12 型 6 自由度机械臂(图 5.12),其 D-H 参数如下(表 5.5)。

表 5.5　Jaka Zu12 型 6 自由度机械臂连杆参数

连杆编号 i	d_i /m	α_i /m	a_i /(°)	θ_i /(°)
1	0.140 6	0	−90	0
2	0	0.595	0	−90
3	0	0.574	0	0
4	−0.128	0	−90	−90
5	0.112	0	90	0
6	0.100 5	0	0	0

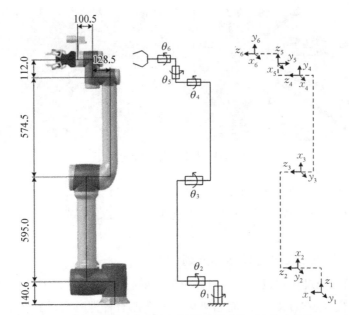

图 5.12 Jaka Zu12 型 6 自由度机械臂连杆坐标系(尺寸单位: mm)

Jaka Zu12 型 6 自由度机械臂各关节的转动范围见表 5.6。

表 5.6 Jaka Zu12 型 6 自由度机械臂各关节转动范围

关节编号 i	1	2	3	4	5	6
关节角度上限/(°)	+270	+265	+175	+265	+270	+270
关节角度下限/(°)	−270	−85	−175	−85	−270	−270

机械臂关节 i 的转动角度可由式(5.12)获得:

$$\theta_i = \theta_i^{min} + (\theta_i^{max} - \theta_i^{min})\,\mathrm{rand}(N,\ 1) \tag{5.12}$$

式中, θ_i^{min} 表示第 i 个关节的运动角度下限; θ_i^{max} 表示第 i 个关节的运动角度上限; $\mathrm{rand}(N,\ 1)$ 表示随机函数, N 表示采样数。

采用 Matlab 得到 Jaka Zu12 型 6 自由度机械臂的工作空间三维点云图,如图 5.13 所示,从而可以得到机械臂工作空间大小。由图分析可知,Jaka Zu12 型 6 自由度机械臂在空间各个方向的活动范围约为 1.3 m,满足机械臂自主装配杆件任务时所需的工作范围。

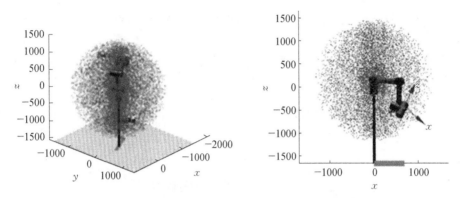

图 5.13　Jaka Zu12 型 6 自由度机械臂工作空间三维点云图

2. 机械臂工作空间运动规划

1）机械臂工作空间运动规划方法

当机械臂末端抓取杆件进行装配作业时,易与支撑框架发生干涉,由于杆件装配场景为静态环境,可通过在离线仿真环境 DELMIA 中选择出合适的运动路径并记录机械臂在各关键路径点的关节变量值序列,通过机械臂正运动学即可求解出对应的机械臂末端空间位姿,如图 5.14 所示。当机械臂确定起始位姿、终止位姿与关键路径点位姿后,需进一步进行轨迹规划,以获取

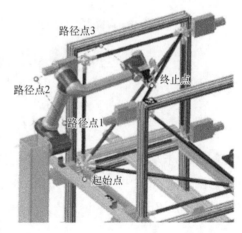

图 5.14　机械臂工作空间路径点规划

执行杆件装配任务中的末端执行轨迹并控制对应路径点的运动参数,使机械臂在经过各路径点时关节的驱动数值为连续平滑曲线。

机械臂轨迹规划可分为关节空间规划与笛卡儿空间规划,考虑到杆件装配过程中对运动轨迹的准确性要求较高,为避免产生干涉,选用更为精细与直观的反映机械臂末端轨迹变化的笛卡儿空间轨迹规划方法。

2）机械臂笛卡儿空间轨迹规划

机械臂末端执行器在笛卡儿空间中的轨迹规划可通过在空间路径中分析路径基元和对应轨迹来实现[139]。取 P_i 为路径 L 上的一点,s 为与路径点 P_i 对应的弧长,从而可以用于表示路径 L,如式(5.13)所示。

$$P = f(s), \quad s \in (0, 1) \tag{5.13}$$

对于点 P_i 的方向,可通过三个单位向量表示,如图 5.15(a)所示。

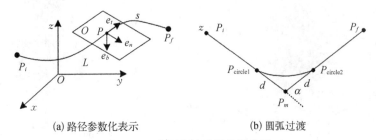

(a) 路径参数化表示　　　　　(b) 圆弧过渡

图 5.15　空间中的路径参数表示

图 5.15(a)中,e_t 为切线单位向量,指向沿 s 路径方向;e_n 为法线单位向量,指向沿点 P 与 e_t 方向且位于密切平面 O 中;e_b 为副法线单位向量[140]。

对于直线路径,其路径表达如式(5.14)所示:

$$P(s) = P_i + \frac{s}{\parallel P_f - P_i \parallel}(P_f - P_i) \tag{5.14}$$

取 $x_e = \begin{bmatrix} P_e \\ \omega_e \end{bmatrix}$,其中 P_e 和 ω_e 表示工作空间中末端执行器的位置与姿态,在时间 t 中,末端执行器沿轨迹到达指定位姿 $x_e(t)$,为便于描述将其分为位置与姿态两个部分,取 $P_e = f(s)$ 为路径 L 关于弧长 s 的表达式,末端执行器在 t_f 时间内从起始点 P_i 运动到终止点 P_f,$s(t)$ 表示弧长 s 关于路径的时间律,则点 P_e 的速度为

$$\dot{P}_e = \dot{s}\frac{\mathrm{d}P_e}{\mathrm{d}s}\dot{s}e_t \tag{5.15}$$

式中,$\dot{s}$ 表示与点 P 相关的速度向量,对于每个分段 $s(t)$,按照指定速度曲线变化。当路径中有 $N+1$ 个点的序列 $P_0, P_1, \cdots, P_N$ 时,整个路径包括 N 个分段,可参数化表示为

$$P_e = P_0 + \sum_{j=1}^{N} \frac{s_j}{\parallel P_j - P_{j-1} \parallel}(P_j - P_{j-1}) \tag{5.16}$$

P_e 的速度为

$$\dot{P}_e = P_0 + \sum_{j=1}^{N} \frac{\dot{s}_j}{\| P_j - P_{j-1} \|}(P_j - P_{j-1}) = \sum_{j=1}^{N} \dot{s}_j t_j \qquad (5.17)$$

式中，s_j 为连接 P_{j-1} 到 P_j 的弧长，当路径采用梯形速度曲线时，s_j 可表示为

$$s_j(t) = \begin{cases} 0 & (0 \leqslant t \leqslant t_{j-1} - \Delta t_j) \\ s'_j(t + \Delta t_j) & (t_{j-1} - \Delta t_j < t < t_j - \Delta t_j) \\ \| P_j - P_{j-1} \| & (t_j - \Delta t_j < t < t_f - \Delta t_N) \end{cases} \qquad (5.18)$$

式中，Δt_j 为产生第 j 分段弧长的时间超前量，可由前一分段时间超前量与当前分段时间超前量相加得到。由于两条不共线分段间路径点的一阶导数 $\dot{P}_e$ 不连续，可通过使用圆弧过渡，避免末端执行器停顿，如图 5.15(b) 所示，过渡圆弧的半径可预先设定。

对于笛卡儿空间中的姿态插值，使用角-轴进行描述，即空间中具有相同原点不同姿态的坐标系可以通过一个单位向量描述坐标转换关系。取 R_i 与 R_f 分别表示初始坐标系与终止坐标系相对基坐标系的旋转矩阵，故二者间的旋转矩阵可表示为

$$R_f^i = R_i^{\mathrm{T}} R_f = \begin{bmatrix} r_{11} & r_{12} & r_{13} \\ r_{21} & r_{22} & r_{23} \\ r_{31} & r_{32} & r_{33} \end{bmatrix} \qquad (5.19)$$

取 $R^i(t)$ 表示 R_i 到 R_f 的变换关系，则有 $R^i(0) = I$，$R^i(t_f) = R_f^i$。因此，R_f^i 可表示为绕空间中某一固定轴的旋转矩阵，轴单位向量 r 与旋转角度 θ_f 分别为

$$\theta_f = \arccos\left(\frac{r_{11} + r_{22} + r_{33} - 1}{2}\right) \qquad (5.20)$$

$$r = \frac{1}{2\sin\theta_f}\begin{bmatrix} r_{32} - r_{23} \\ r_{13} - r_{31} \\ r_{21} - r_{12} \end{bmatrix} \qquad (5.21)$$

从而可以根据 $R^i(t)$ 变换得到旋转角度的时间律函数 $\theta(t)$。

为验证上述过程，选取路径点分别为 $(1, 0, 0, 0, 0, 0)$、$(0.3, 0.7, 1, 0.7,$

$0.7,0.7)$、$(0.7,1.4,0.5,0,0.7,0)$ 与 $(0,2,0,0.7,0.7,0)$，最大运动速度为 0.05，进行笛卡儿空间轨迹规划，通过 Matlab 绘制运动轨迹，如图 5.16（a）所示，实现对位置与姿态的插值。计算出末端运动速度，如图 5.16（b）所示，速度符合梯形曲线，从而验证笛卡儿空间轨迹规划方法的有效性。

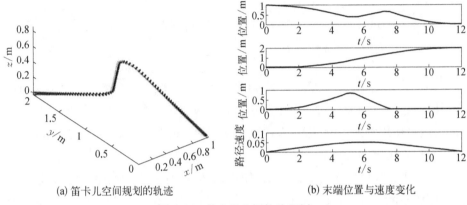

      (a) 笛卡儿空间规划的轨迹   (b) 末端位置与速度变化

图 5.16　笛卡儿空间轨迹规划

3. 机械臂工作空间运动规划试验

针对前面提出的机械臂在工作空间内进行杆件装配的运动规划方法，本节通过 Jaka 机械臂与支撑框架搭建桁架单元装配平台，以验证上述方案的可行性。机械臂末端执行器选用大寰 AG-95 型自适应两指夹爪，为防止执行器抓取与安装杆件时出现晃动与滑动，预先通过试验将执行器抓持力设为 60 N 并安装针对杆件抓取的执行器手指。装配任务根据杆件装配方式可分为人机协作装配与机器人自主装配，主要装配过程详见图 4.43~图 4.50。

整个桁架单元连接杆件的装配过程中，杆件与机械臂未发生碰撞，且机械臂未出现明显抖动，成功实现了所有杆件与对应球节点的安装，从而验证了机械臂在工作空间中自主进行杆件装配的可行性，为直立桁架的自动化装配提供了可行的技术路线。

5.2　基于力传感的杆件与球节点双臂柔顺装配试验

通过采用模块化装配策略，将桁架单元装配任务分解为模块预装配与连接杆件装配两部分。其中，连接杆件通过 Jaka 机械臂与人协同完成装配作业，而预装配模块则在舱内预先完成组装。相比 Jaka 刚性机械臂,由于 Baxter 采用柔性关节,无法满足杆件的装配精度。因此,本节研究一种基于力传感器的杆件与球节点柔顺装配策略,以实现 Baxter 对预装配模块杆件的安装。

5.2.1　双臂协同装配杆件的过程分析

1. 杆件装配过程分析

1) 接头配合过程分析

由于预装配模块在舱内由人与机器人协同完成装配,不同于舱外作业,首要考虑装配效率与可靠性,而舱内作业更侧重安全性与灵活性,相比 Jaka 刚性机械臂,Baxter 手臂关节通过串联弹性驱动器(series elastic actuator, SEA)驱动,通过扭簧连接驱动器电机与机械臂关节,从而确保机械臂拥有较好的安全性与柔性,能够降低意外碰撞引发的危险。

当使用 Jaka 机械臂装配连接杆件时,由于机械臂具有较高的定位精度(±0.03 mm),当视觉系统测量结果准确且工作空间中无碰撞时,即可完成杆件的装配任务;而 Baxter 采用柔性关节,导致机械臂的重复定位精度仅为 3 mm、绝对定位精度为±5 mm 左右[141],因而需对杆件装配过程作进一步分析,以制定出合适的装配策略。

预装配模块中包括 4 根支撑短杆和 1 根支撑长杆,本节选取支撑短杆作为装配对象,球节点与杆件的接头结构如图 5.17 所示。根据杆件与接头独特的结构特点,可将机械臂装配杆件过程分解为 4 个阶段(图 5.18)。

(1) 接头对准:机械臂将杆件运输至球节点安装位置附近,完成杆件安装粗定位。

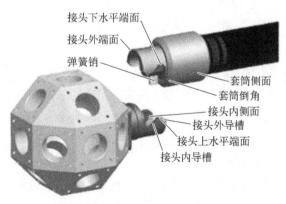

图 5.17　球节点与杆件的接头结构

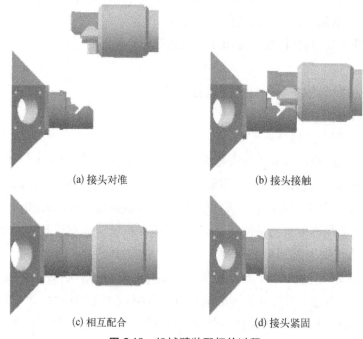

(a) 接头对准   (b) 接头接触

(c) 相互配合   (d) 接头紧固

图 5.18 机械臂装配杆件过程

（2）接头接触：杆件沿接头配合方向进给运动，直至杆件套筒倒角与球端接头外导槽接触，此时杆件沿接头外导槽向配合方向继续移动。

（3）相互配合：当套筒倒角与接头外导槽接触结束时，弹簧销开始受到球端接头内侧面的挤压，向杆件接头中收缩，此时杆件接头开始沿球节点内导槽向配合方向移动，直至两个接头完成相互配合。

（4）接头紧固：当弹簧销完全压入后，之前被限位的杆件套筒受到内部弹簧的挤压而弹出，包裹并紧固已经配合的杆件与球节点的接头，从而完成杆件与球节点之间的装配。

考虑到机器人装配过程中的定位误差，在接头设计中引入导向槽结构，杆件接头可沿导向槽向配合方向移动，直至完成装配，见图 5.19（a）；当接头未对准时且超过接头容差时，杆端接头水平端面直接与球端接头水平端面接触，无法继续沿配合方向移动，导致装配失败，见图 5.19（b）。

2）杆件装配误差分析

由上述装配过程可知，杆件能否装配成功取决于接头接触阶段杆件两端的定位精度，而接触阶段杆件两端的定位精度主要受机械臂定位精度、机械臂抓取

　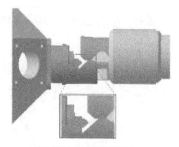

(a) 接头内导槽接触　　　　　　　　(b) 接头水平端面接触

图 5.19　两类接头接触情况

位置、末端执行器夹持力、夹具结构等因素的影响。杆件的装配误差可分为姿态误差与位置误差,以单个机械臂夹持支撑短杆为例,取机械臂工具坐标系 z 轴方向为杆件竖直进给方向,x 轴方向为指向机械臂右侧球端接头孔轴线方向,y 轴方向指向机械臂基座一侧,两端球节点固定于工作台。

当机械臂工具坐标系原点位于杆件轴线中时,杆件定位的姿态误差可分解为绕 y 轴与 z 轴两个方向的姿态误差。当机械臂工具坐标系 z 轴产生姿态误差时,支撑短杆两端接头与球节点接头产生位置偏差见式(5.22)和图 5.20。

$$\begin{cases} \delta_1 = l_1\theta \\ \delta_2 = l_2\theta \end{cases} \tag{5.22}$$

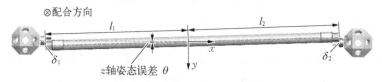

图 5.20　机械臂末端 z 轴姿态误差

机械臂工具坐标系 y 轴产生姿态误差时与 z 轴相同,如图 5.21 所示。z 轴与 y 轴姿态误差对装配结果的影响较大,x 轴方向指向球端接头孔轴线方向,当支持短杆与球端接头逐渐靠近时,姿态误差对杆件装配的影响逐渐减小,可忽略不计。

单臂装配杆件的位置误差可分解为工具坐标系 x 轴与 y 轴定位误差,而 z 轴方向为杆件进给运动方向。取机械臂绝对定位精度为 p,图 5.22 中内部的外框为两端杆端接头最大偏移范围,各方向位置误差关系如下:

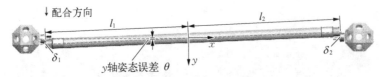

图 5.21　机械臂末端 y 轴姿态误差

$$\begin{cases} \Delta_{lx1} = \Delta_{rx1} \leqslant p_x \\ \Delta_{lx2} = \Delta_{rx2} \leqslant p_x \\ \Delta_{ly1} = \Delta_{ry1} \leqslant p_y \\ \Delta_{ly2} = \Delta_{ry2} \leqslant p_y \end{cases} \tag{5.23}$$

$$\Delta_{rx1} + \Delta_{rx2} = \Delta_{lx1} + \Delta_{lx2} \leqslant p_x \tag{5.24}$$

$$\Delta_{ry1} + \Delta_{ry2} = \Delta_{ly1} + \Delta_{ly2} \leqslant p_y \tag{5.25}$$

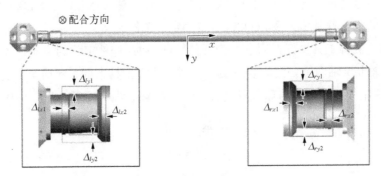

图 5.22　机械臂末端位置误差

3）单臂装配杆件试验分析

为验证上述分析,选用 Baxter 机器人的右臂进行杆件装配试验,机械臂抓取杆件质心位置,通过位置控制进行装配。装配试验共进行 20 次,其中只有 3 次完成杆件装配,装配失败结果中,有 6 次为杆端接头全部与球端接头产生位置偏差,有 11 次为一端杆端接头与球端接头产生位置偏差,而位置偏差主要为杆件姿态偏差导致,如图 5.23 所示。当工具坐标系原点位于支撑短杆质心时,机械臂工具坐标系 z 轴每产生 1° 姿态偏差,两端接头就产生约 7 mm 偏移量。Baxter 单臂装配时,姿态误差通过杆件得到一定程度的放大,导致杆端圆柱套筒容易与球端接头间发生"滑动",即套筒只与球端接头水平端面的一侧接触,未能实现接头间的对中,且套筒在配合过程中发生转动,使得杆件向接头外侧偏离,杆端接头与球端接头出现位置偏差。

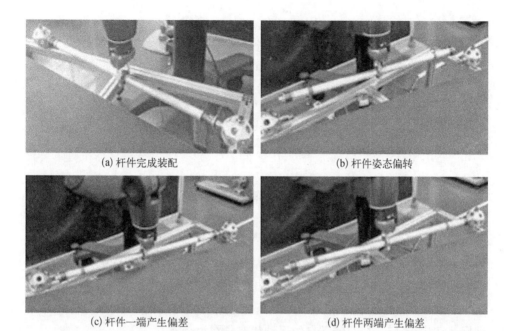

(a) 杆件完成装配　　　　　　　　　　(b) 杆件姿态偏转

(c) 杆件一端产生偏差　　　　　　　　(d) 杆件两端产生偏差

图 5.23　Baxter 单臂装配杆件试验

针对 Baxter 单臂装配时易产生杆件姿态偏差问题,可通过双臂夹持杆件以增加位姿约束,从而提高机械臂在杆件抓取与装配过程中的稳定性。双臂抓取杆件进行装配时,不同的夹持杆件位置将导致杆件两端的对中状态产生变化,为降低机械臂定位误差对杆件接头对中的影响,双臂夹持位置应当尽量靠近杆件两端。

2. 协同装配杆件约束关系

相比单臂装配作业中只考虑工作环境与机械臂自身限制条件,双臂装配作业受到的约束条件更为复杂,主要包括自由度约束、工作空间约束、位姿约束、轨迹约束与力约束[142]。当 Baxter 使用双臂装配杆件时,双臂与杆件形成闭链系统,这也是与单臂操作最大的不同之处[143],而此闭链系统中约束类型包括位姿约束与速度约束[144]。为分析其内部约束关系,建立如图 5.24 所示的坐标系,取 Baxter 基坐标系为 $\{B\}$,左臂末端工具坐标系为 $\{L\}$,右臂末端工具坐标系为 $\{R\}$,杆件刚体的质心坐标系为 $\{O\}$。

杆件质心坐标系与 Baxter 基坐标系间的转换关系为

$$
{}_{O}^{B}T = {}_{L}^{B}T\,{}_{O}^{L}T \tag{5.26}
$$

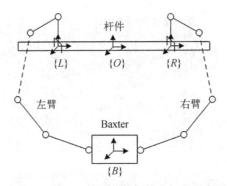

图 5.24 Baxter 双臂装配杆件坐标系示意图

$$_O^B T = _R^B T_O^R T \tag{5.27}$$

式中，$_O^L T$、$_O^R T$ 分别表示 $\{L\}$、$\{R\}$ 相对 $\{O\}$ 的变换矩阵；$_L^B T$、$_R^B T$ 分别表示 $\{L\}$、$\{R\}$ 相对 $\{B\}$ 的变换矩阵；$_O^B T$ 表示 $\{O\}$ 相对 $\{B\}$ 的变换矩阵。

由于杆件目标安装位置与 Baxter 基坐标间的相对位置固定，当杆件相对基坐标运动状态已知时，双臂各自的运动状态分别为

$$_L^B T = _O^L T^{-1}{}_O^B T \tag{5.28}$$

$$_R^B T = _O^R T^{-1}{}_O^B T \tag{5.29}$$

联立式(5.28)与式(5.29)并进行矩阵变换，可得双臂末端位姿约束关系，如式(5.30)所示：

$$_L^B T = _R^B T_O^R T_O^L T^{-1} \tag{5.30}$$

为实现双臂协同装配，在确保位姿约束的基础上，还应保证双臂末端速度在装配中的一致性，因此需对双臂运动过程进行速度约束分析[145]。机械臂末端在基坐标系下的速度可表示为

$$\begin{cases} _L^B v = _O^B v + _O^B \omega \times _L^B p \\ _R^B v = _O^B v + _O^B \omega \times _R^B p \\ _L^B p = _O^B R_L^O p \\ _R^B p = _O^B R_R^O p \end{cases} \tag{5.31}$$

式中，$_L^B v$、$_R^B v$ 分别表示左臂、右臂在 $\{B\}$ 中的速度；$_O^B v$、$_O^B \omega$ 分别表示杆件质心在 $\{B\}$ 中的速度与角速度；$_L^B p$、$_R^B p$ 分别表示左臂、右臂相对 $\{B\}$ 的位置变换矩阵；

$^{O}_{L}P$、$^{O}_{R}P$ 分别表示左臂、右臂相对 {O} 的位置变换矩阵；$^{B}_{O}R$ 表示杆件质心 {O} 相对 {B} 的旋转矩阵。

由于双臂与杆件间相对位置固定，双臂末端与杆件间角速度相同：

$$^{B}_{O}\omega = {}^{B}_{L}\omega = {}^{B}_{R}\omega \tag{5.32}$$

式中，$^{B}_{L}\omega$、$^{B}_{R}\omega$ 分别表示左臂、右臂在基坐标系 {B} 中的角速度。综上所述，可以得到双臂协同进行杆件装配任务中的约束关系。

5.2.2　杆件配合工况分类与力学建模

双臂协同进行杆件装配，通过增加位姿约束可以减少装配过程中杆件晃动的发生，但并不能消除因机械臂定位误差引起的杆件位置偏差，而机械臂针对位置偏差进行补偿的首要条件就是获取杆件的实际配合状态，进而制定出相应的位姿调整策略。

通过单臂装配试验可知，根据接头间配合情况，杆件与球节点可分为已配合、接触与偏离三种类型，其中已配合指杆件与球节点间接头完全配合；接触指杆件与球节点间的接头水平端面相互接触；偏离指杆件与球节点间接头水平端面间存在位置偏差。

双臂装配杆件时，根据杆件两端与球节点接头的配合情况可将其分为两端接头偏离、一端接头偏离、两端接头接触和两端接头配合四类工况。针对前三种未配合的工况，可根据装配时杆件两端与球节点的相对位置关系进一步细分，如图 5.25 所示。

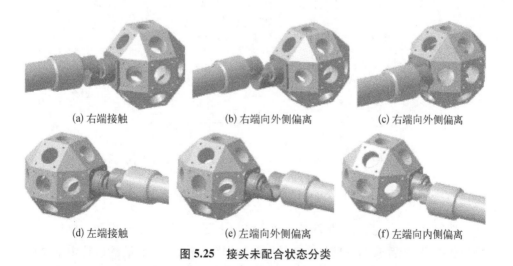

(a) 右端接触　　　　　　　(b) 右端向外侧偏离　　　　　　(c) 右端向外侧偏离

(d) 左端接触　　　　　　　(e) 左端向外侧偏离　　　　　　(f) 左端向内侧偏离

图 5.25　接头未配合状态分类

在确定杆件配合工况分类后，需进一步进行配合状态的判别；而 Baxter 机械臂末端定位存在较大误差，无法通过反馈位置信息进行准确判断，因而本章提出可将杆件在各状态下受到外部作用力的特点作为状态判别的依据。双臂分别夹持杆件，靠近两端处位置，选取 Baxter 左臂作为主臂，右臂作为从臂，从臂根据双臂间的运动约束关系解算出运动参数。为了获取各状态下的力与力矩数据，在 Baxter 从臂末端处安装六维力传感器。

为实时获取双臂装配杆件时与对应球端接头间的位姿转换关系，建立坐标系，如图 5.26 所示，其中主臂与从臂末端连杆坐标系 $\{L\}$、$\{F\}$ 在 Baxter 基坐标系 $\{B\}$ 下的位姿分别记为 ${}_{L}^{B}T$、${}_{F}^{B}T$，可通过在 ROS 中订阅机械臂的末端位姿话题来获得。主臂与从臂的工具坐标系 $\{M\}$、$\{R\}$ 原点位于杆件轴线中且姿态分别与 $\{L\}$、$\{F\}$ 相同，只有 z 轴方向有位置偏移，故 ${}_{M}^{L}T$、${}_{R}^{F}T$ 为常数矩阵。力传感器坐标系 $\{S\}$ 中的 z 轴方向与 $\{F\}$ 相同，y 轴方向相差 $90°$，有位置偏移，故 ${}_{S}^{F}T$ 为常数矩阵。球端接头处的目标安装坐标系 $\{T\}$ 与机器人基坐标系 $\{B\}$ 的相对位置固定，故 ${}_{T}^{B}T$ 为常数矩阵，坐标系间的位姿变换关系如式（5.33）所示。

$$\begin{cases} {}_{R}^{B}T = {}_{F}^{R}T\,{}_{R}^{F}T \\[4pt] {}_{M}^{B}T = {}_{L}^{B}T\,{}_{M}^{L}T \\[4pt] {}_{M}^{T}T = {}_{B}^{T}T\,{}_{M}^{B}T = {}_{T}^{B}T^{-1}\,{}_{M}^{B}T \\[4pt] {}_{R}^{T}T = {}_{B}^{T}T\,{}_{R}^{B}T = {}_{T}^{B}T^{-1}\,{}_{R}^{B}T \end{cases} \tag{5.33}$$

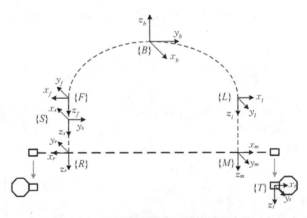

图 5.26　双臂装配杆件坐标转换示意图

选取 Baxter 一侧为观测视角并建立三种未配合工况下的杆件受力模型。装配过程中，机械臂末端夹具与杆件的接触为刚性，杆件自身在装配过程中不会产生变形。

1. 杆件两端偏离工况力学分析

按照杆件与两端球节点的配合位姿,杆件两端偏离工况可分为以下四类状态。

(1) 状态 1: 杆件两端接头都处于球端接头外侧。

(2) 状态 2: 杆件两端接头都处于球端接头内侧。

(3) 状态 3: 杆件左端接头处于球端接头外侧,右端接头处于球端接头内侧。

(4) 状态 4: 杆件左端接头处于球端接头内侧,右端接头处于球端接头外侧。

图 5.27 为杆件在状态 1 下的受力模型,杆件左右两端受到球端接头沿 x_s 轴的负方向支持力 N_l 与 N_r,双臂对杆件施加沿各自工具坐标系 z 轴负方向的牵引力 T_l、T_r 与绕 y_s 轴负方向的力矩 M_l、M_r。

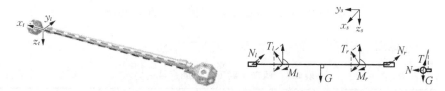

图 5.27　杆件两端偏离工况状态 1 下的受力模型

如图 5.28 所示,为杆件在状态 2 下的受力模型,杆件左右两端受到球端接头沿 x_s 轴的正方向支持力 N_l 与 N_r,双臂对杆件施加沿各自工具坐标系 z 轴负方向的牵引力 T_l、T_r 与绕 y_s 轴正方向的力矩 M_l、M_r。

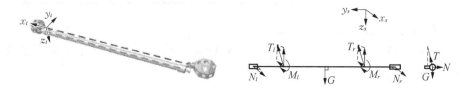

图 5.28　杆件两端偏离工况状态 2 下的受力模型

如图 5.29 所示,为杆件在状态 3 下的受力模型,杆件左端受到球端接头沿 x_s 轴负方向的支持力 N_l,右端受到球端接头沿 x 轴正方向的支持力 N_r,双臂对杆件施加沿各自工具坐标系 z 轴负方向的牵引力 T_l、T_r 与绕 z_s 轴负方向的力矩 M_l、M_r。

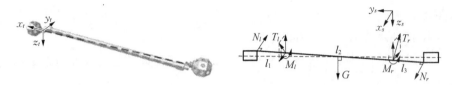

图 5.29　杆件两端偏离工况状态 3 下的受力模型

如图 5.30 所示,为杆件在状态 4 下的受力模型,杆件左端受到球端接头沿 x_s 轴正方向的支持力 N_l,右端受到球端接头沿 x 轴负方向的支持力 N_r,双臂对杆件施加沿各自工具坐标系 z 轴负方向的牵引力 T_l、T_r 与绕 z_s 轴正方向的力矩 M_l、M_r。

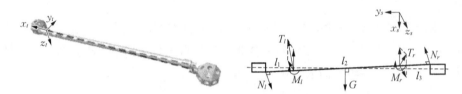

图 5.30　杆件两端偏离工况状态 4 下的受力模型

两端偏离工况下的杆件受力汇总如表 5.7 所示。

表 5.7　两端偏离工况下的杆件受力

状　态	N_l	N_r	T_l	T_r	M_l	M_r
1	$-x_s$	$-x_s$	$-z_m$	$-z_r$	$-y_s$	$-y_s$
2	$+x_s$	$+x_s$	$-z_m$	$-z_r$	$+y_s$	$+y_s$
3	$-x_s$	$+x_s$	$-z_m$	$-z_r$	$-z_s$	$-z_s$
4	$+x_s$	$-x_s$	$-z_m$	$-z_r$	$+z_s$	$+z_s$

2. 杆件一端偏离工况力学分析

按照杆件与两端球节点的配合位姿,杆件一端偏离工况可分为以下四类状态。

(1) 状态 1:杆件左端接触接头,右端处于球端接头外侧。

(2) 状态 2:杆件左端接触接头,右端处于球端接头内侧。

(3) 状态 3:杆件右端接触接头,左端处于球端接头外侧。

(4) 状态 4:杆件右端接触接头,左端处于球端接头内侧。

如图 5.31 所示,为杆件在状态 1 下的受力模型,杆件左端受到球端接头沿 z_t 轴负方向的支持力 N_l 和对应的摩擦力 f_l,右端受到球端接头垂直于杆外侧方向

的支持力 N_r,双臂对杆件施加沿各自工具坐标系 z 轴方向的牵引力,将其分解为沿z_s轴正方向的支持力 T_l、沿 z_s轴负方向的牵引力 T_r 和沿 y_s 负方向的支持力 F_l、F_r,并施加沿 z_s轴正方向的力矩 M_l、M_r。

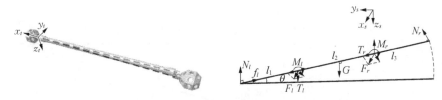

图 5.31　杆件一端偏离工况状态 1 下的受力模型

　　如图 5.32 所示,为杆件在状态 2 下的受力模型,杆件左端受到球端接头 z_t轴负方向的支持力 N_l 和对应的摩擦力 f_l,右端受到球端接头垂直于杆内侧方向的支持力 N_r,双臂对杆件施加沿各自工具坐标系 z 轴方向的牵引力,将其分解为沿z_s轴正方向的支持力 T_l、沿 z_s轴负方向的牵引力 T_r 和沿 y_t 正方向的支持力 F_l、F_r,并施加沿 z_s轴负方向的力矩 M_l、M_r。

图 5.32　杆件一端偏离工况状态 2 下的受力模型

　　如图 5.33 所示,为杆件在状态 3 下的受力模型,杆件左端受到球端接头垂直于杆外侧方向的支持力 N_l,右端受到球端接头沿 z_t轴负方向的支持力 N_r 和对应的摩擦力 f_r,双臂对杆件施加沿各自工具坐标系 z 轴负方向的牵引力,将其分解为沿 z_s轴负方向的牵引力 T_l、沿 z_s轴正方向的支持力 T_r 和沿 y_t 负方向的支持力 F_l、F_r,并施加沿 z_s轴负方向的力矩 M_l、M_r。

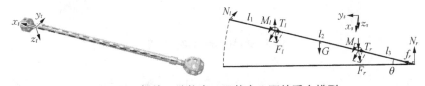

图 5.33　杆件一端偏离工况状态 3 下的受力模型

　　如图 5.34 所示,为杆件在状态 4 下的受力模型,杆件左端受到球端接头垂直于杆内侧方向的支持力 N_l,右端受到球端接头沿 z_t轴方向的支持力 N_r 和对应

的摩擦力 f_r，双臂对杆件施加沿各自工具坐标系 z 轴负方向的牵引力，将其分解为沿 z_s 轴负方向的牵引力 T_l、沿 z_s 轴正方向的支持力 T_r 和沿 y_t 正方向的支持力 F_l、F_r，并施加沿 z_s 轴正方向的力矩 M_l、M_r。

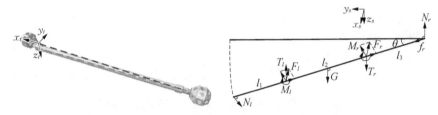

图 5.34 杆件一端偏离工况状态 4 下的受力模型

一端偏离工况下的杆件受力汇总如表 5.8 所示：

表 5.8 一端偏离工况下的杆件受力

状 态	T_l	T_r	F_l	F_r	M_l	M_r
1	$+z_s$	$-z_s$	$-y_t$	$-y_t$	$+y_s$	$+y_s$
2	$+z_s$	$-z_s$	$-y_t$	$-y_t$	$-y_s$	$-y_s$
3	$-z_s$	$+z_s$	$+y_t$	$+y_t$	$-z_s$	$-z_s$
4	$-z_s$	$+z_s$	$+y_t$	$+y_t$	$+z_s$	$+z_s$

3. 杆件两端接触工况力学分析

杆件两端接触工况如图 5.35 所示，杆件一端套筒与球端接头水平端面接触时，另一端杆件接头与球端接头的两个水平端面相接触，导致杆件无法沿导槽完成配合。

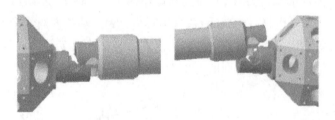

图 5.35 杆件两端接触工况

按照杆件两端与球端接头的装配位姿，杆件两端接触可分为以下两类状态。

（1）状态 1：杆件右端套筒接触接头。

（2）状态 2：杆件左端套筒接触接头。

如图 5.36 所示，为杆件在状态 1 下的受力模型，杆件左右两端受到球端接头垂直于杆件向上方向的支持力 N_l、N_r 和对应的摩擦力 f_l、f_r；双臂对杆件施加沿 z_s 轴正方向的支持力 T_l、T_r 并施加沿 x_s 轴负方向的力矩 M_l、M_r。

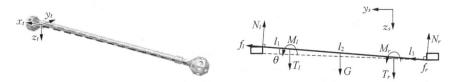

图 5.36　杆件两端接触工况状态 **1** 下的受力模型

如图 5.37 所示，为杆件在状态 2 下的受力模型，杆件左右两端受到球端接头垂直于杆件向上方向的支持力 N_l、N_r 和对应的摩擦力 f_l、f_r；双臂对杆件施加沿 z_s 轴正方向的支持力 T_l、T_r 并施加沿 x_s 轴正方向的力矩 M_l、M_r。

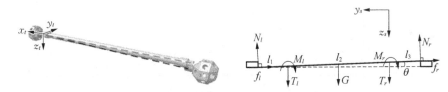

图 5.37　杆件两端接触工况状态 **2** 下的受力模型

两端接触工况下的杆件受力汇总如表 5.9 所示。

表 **5.9**　两端接触工况下的杆件受力

状　态	T_l	T_r	M_l	M_r
1	$+z_s$	$+z_s$	$-x_s$	$-x_s$
2	$+z_s$	$+z_s$	$+x_s$	$+x_s$

5.2.3　基于力传感的杆件柔顺装配策略

杆件的柔顺装配策略包括杆件装配状态判别和机械臂位姿调整两个部分，按照先判别再调整的顺序实现。在获取配合状态后，通过柔顺装配策略将反馈的力与力矩信息转化为 Baxter 双臂的位置控制信息，进而完成对杆件姿态与位置的调整，以实现柔顺装配，因此机械臂柔顺装配杆件的过程实质为位置控制。

1. 杆件装配状态判别

杆件定位偏差导致出现了多种配合状态，增加了机械臂自主装配的难度，因而 Baxter 双臂装配杆件的关键在于对杆件配合状态的判别。通过对三种杆件与球端接头未配合工况下的受力分析,可得到不同配合状态下力传感器中的力与力矩反馈信息,如表 5.10 所示,其中"+"表示数值为正值,"-"表示数值为负值,"0"表示数值为零。由于力传感器末端夹具受力点在力传感器坐标系 $\{S\}$ 中 z_s 轴正方向有位置偏移,夹具受到杆件反作用力 F_x,在 x_soz_s 平面中产生扭矩 M_y。

表 5.10　各工况下的力传感器反馈信息

接触情况	配合状态	F_x	F_y	F_z	M_x	M_y	M_z
两端偏离	状态 1	-	0	+	0	-	+
	状态 2	+	0	+	0	+	-
	状态 3	+	0	+	0	+	+
	状态 4	-	0	+	0	-	-
一端偏离	状态 1	-	0	+	0	-	-
	状态 2	+	0	+	0	+	+
	状态 3	-	0	-	0	-	+
	状态 4	+	0	-	0	+	-
两端接触	状态 1	0	0	-	+	0	0
	状态 2	0	0	-	-	0	0

结合三种工况下杆件的受力特点,选取选取力传感器反馈数据中的 F_x、F_z、M_x、M_y 作为杆件装配状态判别依据,可得到杆件装配状态判别流程如图 5.38 所示。

当杆件两端与球端接头接触时,M_x 变化显著,不同于其他工况,可用作为两端接触装配状态的判别条件,当 M_x>thresd_1 时,为两端接触下的状态 1;当 M_x<thresd_2 时,为两端接触下的状态 2。

当杆件只有右端与球端接头接触时,F_z<thresd_3,可用作为杆件只有右端接触装配状态的判别条件,当 M_z>thresd_4 时,为一端偏离下的状态 3;当 M_z<thresd_4 时,为一端偏离下的状态 4,如图 5.39 所示。

若杆件不满足上述判别条件,但满足 F_x<thresd_5 且 M_z>thresd_6 时,可用来判别两端偏离下的状态 1。在两端偏离状态 4 和一端偏离状态 1 下,力传感器反馈的力与力矩方向相同,故使用 ROS 订阅与坐标转换,获取左臂与右臂末端夹具力作用点在基坐标系 $\{B\}$ 中 x_b 轴方向的数值 M_x 与 r_x,当 abs(M_x-r_x)<thresd_8 时为一端偏离状态 1;当 abs(M_x-r_x)>thresd_8 时为两端偏离状态 4。同理,可用于辨别两端偏离状态 2、状态 3 和一端偏离状态 2。

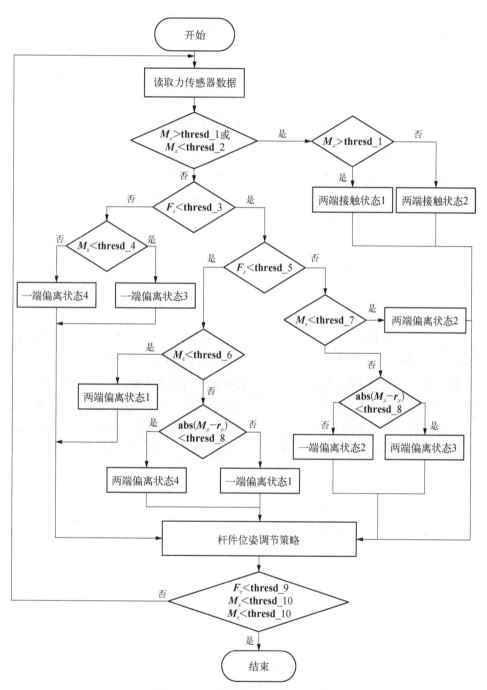

图 5.38　杆件装配状态判别流程图

(a) 一端偏离下的状态3　　　　　　　　　(b) 一端偏离下的状态4

图 5.39　杆件一端偏离状态判别

2. 机械臂柔顺装配策略

当完成杆件配合状态判别后,需根据配合状态特点制定对应的机械臂末端的位姿调整策略。Baxter 双臂抓取杆件逐渐向两端接头进给运动的同时读取力传感器中的数据,当 abs(F_z)>thresd_3 时,表明杆件至少有一端已经与接头接触,双臂停止运动。Baxter 根据读取到的力传感器中的数据来判别此时杆件的装配状态,并针对不同状态相应地调整 Baxter 双臂末端的位置与姿态。

1) 机械臂末端姿态调整

当 Baxter 抓取杆件装配时,双臂的定位误差将导致杆件装配时出现姿态偏差,可通过对机械臂末端工具坐标系姿态进行调整,使得杆端接头与球端接头水平端面相互平行,避免后续调整机械臂末端位置时出现卡阻。

姿态调整方向根据力传感器反馈信息确定,以杆件一端偏离状态 4 为例(图5.40),此时 Baxter 主臂沿右手螺旋方向绕工具坐标系{M}中的-x_m轴旋转 $\Delta\theta$度,以减小杆件偏差角度。由于此时从臂的调整位姿角度通常较小,可依靠自身柔性实现姿态调整。

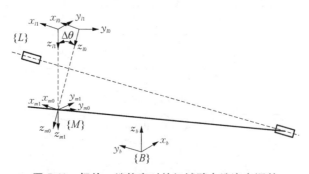

图 5.40　杆件一端偏离时的机械臂末端姿态调整

当杆件为两端偏离时,Baxter 双臂需根据配合状态协同控制,同步减少姿态偏差,从而得到机械臂末端姿态调整策略,如表 5.11 所示。

表 5.11　机械臂末端姿态调整策略

接触情况	配合状态	主臂调整策略	从臂调整策略
两端偏离	状态 1	绕$+x_m$轴转动 $\Delta\theta$	绕$-x_s$轴转动 $\Delta\theta$
	状态 2	绕$-x_m$轴转动 $\Delta\theta$	绕$+x_s$轴转动 $\Delta\theta$
	状态 3	绕$+x_m$轴转动 $\Delta\theta$	绕$+x_s$轴转动 $\Delta\theta$
	状态 4	绕$-x_m$轴转动 $\Delta\theta$	绕$-x_s$轴转动 $\Delta\theta$
一端偏离	状态 1	—	绕$-x_s$轴转动 $\Delta\theta$
	状态 2	—	绕$+x_s$轴转动 $\Delta\theta$
	状态 3	绕$+x_m$轴转动 $\Delta\theta$	—
	状态 4	绕$-x_m$轴转动 $\Delta\theta$	—

2）机械臂末端位置调整

当杆件装配工况为两端偏离与一端偏离时，Baxter 在完成机械臂姿态调整后，需继续进行机械臂位置调整，通过力传感器反馈信息确定杆件移动方向。以杆件一端偏离工况下的状态 4 为例（图 5.41），Baxter 主臂沿减少偏差方向移动指定步长 Δp 并将其分解为沿 x 轴与 y 轴的分量 Δx、Δy，考虑到 Δx 较小，取 $\Delta p = \Delta y$。由于此时从臂距离杆件接触端的距离较近，移动距离较小，可依靠自身柔性实现位置调整。

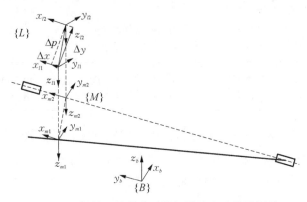

图 5.41　杆件一端偏离时的机械臂末端位置调整

当杆件装配工况为两端接触时，Baxter 只需进行机械臂位置调整。以状态 1 为例（图 5.42），杆件左端接头与球节点接头水平端面接触，而右端套筒与球节点接头接触，杆件处于卡阻状态，此时 Baxter 双臂应同时沿$+x_m$、$-x_s$方向运动指定步长 Δp 以减少位置偏差，杆件两端可沿球节点接头导向槽继续运动，直至完成配合。

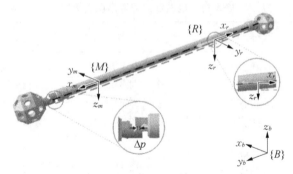

图 5.42   杆件两端接触时的机械臂末端位置调整

从而得到机械臂末端位置调整策略如表 5.12 所示。

表 5.12   机械臂末端位置调整策略

接触情况	配合状态	主臂调整策略	从臂调整策略
两端偏离	状态 1	沿 $-y_m$ 轴移动 Δp	沿 $+y_r$ 轴移动 Δp
	状态 2	沿 $+y_m$ 轴移动 Δp	沿 $-y_r$ 轴移动 Δp
	状态 3	沿 $-y_m$ 轴移动 Δp	沿 $-y_r$ 轴移动 Δp
	状态 4	沿 $+y_m$ 轴移动 Δp	沿 $+y_r$ 轴移动 Δp
一端偏离	状态 1	—	沿 $+y_r$ 轴移动 Δp
	状态 2	—	沿 $-y_r$ 轴移动 Δp
	状态 3	沿 $-y_m$ 轴移动 Δp	—
	状态 4	沿 $+y_m$ 轴移动 Δp	—
两端接触	状态 1	沿 $+x_m$ 轴移动 Δp	沿 $-x_r$ 轴移动 Δp
	状态 2	沿 $-x_m$ 轴移动 Δp	沿 $+x_r$ 轴移动 Δp

当位置调整完成后,读取力传感器中数据以判断杆件两端是否对准球端接头,若不满足,继续调整杆件位姿,直至满足条件;若满足,则双臂继续沿配合方向进给运动,当力传感器数据满足装配完成条件时,表明杆件装配成功。

5.3   杆件与球节点的双臂柔顺装配试验

为了验证基于力传感器的双臂机器人组装杆件与球节点的柔顺装配策略的有效性,本节使用 Baxter 双臂机器人搭建杆件装配试验平台,选用预装配模块中的支撑短杆作为装配对象,通过对不同配合工况下采集的试验数据进行分析,以检验所提出策略的实际效果。

5.3.1 柔顺装配试验平台搭建

所搭建的基于力传感器的双臂杆件柔顺装配平台如图 5.43 所示,其中预装配模块选用 Baxter 双臂机器人进行杆件装配,将六维力传感器安装在从臂末端位置,从臂夹具与力传感器相连接,后者可实时感知杆件在装配时所受的力和力矩;主臂末端安装夹具,通过增加轴向尺寸与调整夹爪夹持力实现夹紧杆件。双臂夹持支撑短杆两侧,在距离接头端面 10 cm 处。两端球节点固定在工作台上,其坐标与 Baxter 基坐标系间的相对位置是确定的。

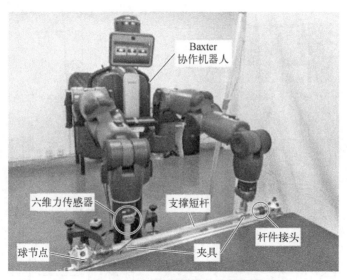

图 5.43 基于力传感器的双臂杆件柔顺装配平台

选用多维力与力矩传感器,将杆件装配时的位姿信息转换为力信息;采用数据采集测量系统,将获取的力信息传输到用户计算机的数据采集卡,以实现实时采集显示。由于力传感器提供的软件开发工具包(software development kit,SDK)基于 Windows 平台,而 Baxter 运动控制基于 Ubuntu 平台,杆件装配时需使用 Socket 通信,在用户计算机与上位机两个平台之间传递实时测量的力与力矩数据,从而实现 Baxter 协作机器人对力传感器数据的实时获取,如图 5.44 所示。

Baxter 双臂机器人的机载计算机与上位机分别基于 Gentoo 与 Ubuntu 操作

系统,搭载 ROS 机器人操作系统并通过局域网实现二者间的数据交换。上位机系统中的双臂杆件柔顺装配模块基于 Baxter 与 ROS 提供的 SDK 的应用程序编辑接口(application programming interface, API)进行开发,通过 ROS 中的 MoveIt!功能包实现对机械臂的运动规划与操作控制,如图 5.45 所示。

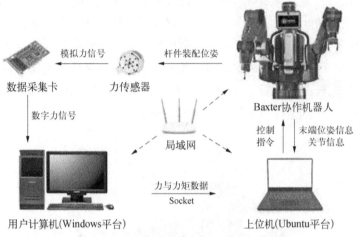

图 5.44 双臂杆件柔顺装配的硬件平台

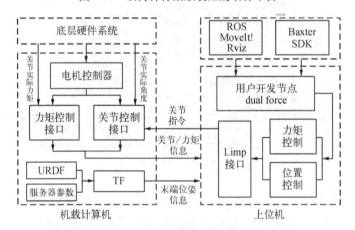

图 5.45 双臂杆件柔顺装配模块的软件平台

URDF 表示统一机器人描述格式;TF 表示坐标变换。

5.3.2 柔顺装配试验验证与分析

为验证所提出的双臂杆件柔顺装配策略的有效性,选用预装配模块中任意一根支撑短杆进行装配试验,其余杆件可按照相同策略依次进行。通过对六维力传感器采集的试验数据进行分析,实现对双臂杆件柔顺装配时的杆件与球端接头配合状态的判别。

1. 试验过程分析

Baxter 双臂杆件柔顺装配的初始状态为双臂末端水平位于待装配接头上方,主臂末端与从臂末端的初始位置分别为(0.737, 0.321, −0.140)与(0.726, −0.335, 0.020),姿态使用四元数表示为(0.720, 0.694, 0.024, 0.004)与(−0.695, 0.718, 0.023, −0.013)。双臂抓取杆件从初始状态分别沿各自工具坐标系$+z_m$与$+z_r$方向进给运动,同时读取力传感器反馈数据,双臂进给步长取10 mm,力传感器采样间隔取50 ms,整体控制流程如图 5.46 所示。

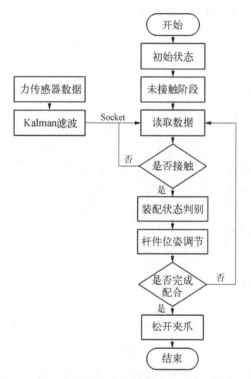

图 5.46　基于力传感器的双臂杆件柔顺装配控制流程

当 Baxter 进行杆件装配状态判别时,从臂的六维力传感器实际测量值由四部分组成:① 杆件所受外部接触力;② 由双臂定位误差或未同步运动引起双臂相对位置偏差,从而产生作用力;③ 杆件与夹具的自身重力;④ 力传感器自身系统误差[146]。由于杆件装配时速度较慢且杆件配合方向与所受重力方向相同,可忽略惯性力与重力影响,而传感器自身系统误差与双臂间相对位置偏差产生的作用力相比试验中杆件所受外部接触力的影响较小,也暂不考虑。此外,由于力传感器会在测量过程产生高斯白噪声[147],将力信号数据传输到 Baxter 之前需采用 Kalman 滤波器对数据进行处理,即使用前一时刻的最佳估计值对当前观测值进行修正,从而得到当前时刻最佳估计值,其核心问题为寻找在最小均方误差下的估计值,使用目标的动态信息,最大限度地过滤噪声,得到当前力信号最佳估计值。由于迭代数据量小,适合进行实时数据处理。

先后共进行了 40 次双臂协同装配杆件的试验,杆件配合工况如表 5.13 所示。

表 5.13　双臂协同装配试验中的杆件配合工况

接触情况	配合状态	次数	百分比/%	次数总计	百分比/%
两端偏离	状态 1	2	5	3	7.5
	状态 2	1	2.5		
	状态 3	0	0		
	状态 4	0	0		
一端偏离	状态 1	5	12.5	16	40
	状态 2	2	5		
	状态 3	6	15		
	状态 4	3	7.5		
两端接触	状态 1	7	17.5	11	27.5
	状态 2	4	10		
两端配合	—	10	25	10	25

由表 5.13 中的数据结合单/双臂装配杆件试验结果可知,采用双臂抓取杆件后,杆件两端偏离工况相比单臂抓取时(30%)明显降低,表明通过双臂增加位姿约束可有效减少杆件出现较大姿态偏差的次数。但由于机械臂仍存在定位误差,杆件两端完成配合的情况只占试验总次数的 25%。针对其他三种未配合工况,使用柔顺装配策略进行杆件位姿调整,根据试验中的杆件位姿偏差测量数据与对应力传感器中的反馈信息,制定柔顺装配策略中的阈值参数,如表 5.14 所示。选取未配合的三种工况中出现频率较高的状态,采集试验数据进行杆件配合状态分析。

表 5.14　双臂杆件柔顺装配策略试验中的阈值

阈　值	数　值	阈　值	数　值	阈　值	数　值
thresd_1	$-10\,\text{N}\cdot\text{m}$	thresd_6	$7\,\text{N}$	两端偏离 旋转角度 $\Delta\theta$	$2.5°$
thresd_2	$6\,\text{N}\cdot\text{m}$	thresd_7	$-5\,\text{N}\cdot\text{m}$	一端偏离 旋转角度 $\Delta\theta$	$1.5°$
thresd_3	$-1\,\text{N}$	thresd_8	$50\,\text{mm}$	两端偏离 调整步长 Δp	$20\,\text{mm}$
thresd_4	$5\,\text{N}\cdot\text{m}$	thresd_9	$\pm 2\,\text{N}$	一端偏离 调整步长 Δp	$10\,\text{mm}$
thresd_5	$-1\,\text{N}$	thresd_10	$\pm 4\,\text{N}\cdot\text{m}$	两端接触 调整步长 Δp	$5\,\text{mm}$

2. 杆件两端偏离工况

当双臂抓取杆件进行装配作业时,由于同时出现较大定位误差,杆件两端与球端接头全部发生偏离,在试验过程中出现的次数相对较少。图 5.47(a)中,杆件两端处于接头外侧(状态 1);图 5.47(b)中,杆件两端处于接头内侧(状态 2)。

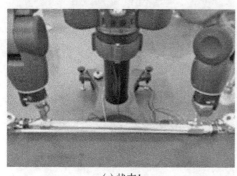

(a) 状态1　　　　　　　　　　　　　　　　(b) 状态2

图 5.47　杆件两端偏离工况下的两种状态

选取两端偏离工况中出现次数最多的状态 1 为例进行分析,其配合过程中力与力矩的变化情况如图 5.48 所示,可分为杆件靠近与接触接头两个部分。当杆件靠近接头过程中,F_y 与 M_x 趋近 0,F_x、F_z 均无明显变化,M_z、M_y 分别处于 $+5\,\text{N}\cdot\text{m}$ 与 $-5\,\text{N}\cdot\text{m}$ 内;当杆件逐渐接触接头时,F_x 减小至 $-2.5\,\text{N}$,超过阈值 thresd_5;M_y 减小至 $-10\,\text{N}\cdot\text{m}$,$M_z$ 增大至 $9\,\text{N}\cdot\text{m}$,超过阈值 thresd_6,符合杆件装配策略。

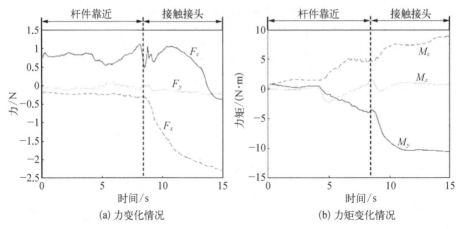

图 5.48　杆件两端偏离工况状态 1 下力与力矩的变化情况

3. 杆件一端偏离工况

　　当单个机械臂出现较大定位误差时,将导致杆件装配一端偏离、另一端接触的工况。图 5.49(a)中,Baxter 的左臂装配的杆件已配合,右臂装配的杆件向内侧偏离;图 5.49(b)中,Baxter 的右臂装配的杆件已配合,左臂装配的杆件向内侧

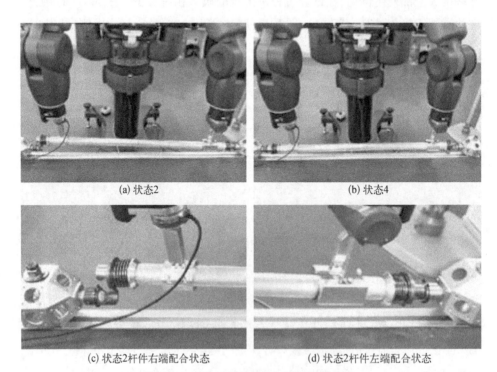

(a) 状态2　　　　　　　　　　　(b) 状态4

(c) 状态2杆件右端配合状态　　　　　(d) 状态2杆件左端配合状态

图 5.49　杆件一端偏离工况下的两种状态

偏离;图 5.49(c)和(d)分别为状态 2 单侧配合状态,左臂装配的杆件已经完成配合。右臂装配的杆件中,由于套筒与接头内侧水平端面接触,无法完成配合。

选取一端偏离工况中出现次数最多的状态 1 与状态 3 进行分析。状态 1 配合过程中力与力矩的变化情况如图 5.50 所示。当杆件接触接头时,F_x、F_z 逐渐减小至-2 N,超过阈值 thresd_5;M_z 减小至-18 N·m,超过阈值 thresd_6。当进行杆件位姿调整时,M_z 增大,由于此时杆件为右端接触接头,通过左臂调整杆件位姿,右臂通过自身关节柔顺调整,从而引起 M_x 与 M_y 的变化。当 F_x 小于阈值 thresd_9 且 M_x、M_y 都小于阈值 thresd_10 时,表明杆件两端完成配合,符合杆件装配策略。

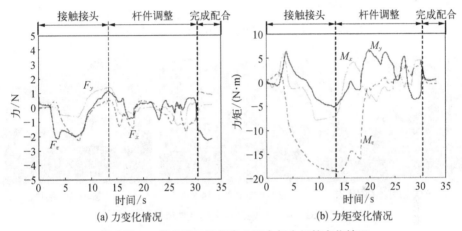

图 5.50　一端偏离工况状态 1 下力与力矩的变化情况

一端偏离工况状态 3 下装配过程中的力与力矩变化情况如图 5.51 所示,当杆件接触接头时,F_x、F_y 趋近为 0 N,F_z 为-2 N,超过阈值 thresd_5,M_z 逐渐增大至 5.7 N·m,未超过阈值 thresd_6。当进行杆件位姿调整时,M_z 逐渐减小,此时杆件为左端接触接头,故通过右臂调整杆件位姿,将右侧套筒从接头外侧移动到配合位置,从而导致 M_x 先减小后增大。当 F_x 小于阈值 thresd_9 且 M_x、M_y 都小于阈值 thresd_10 时,表明杆件两端完成配合,符合杆件装配策略。

4. 杆件两端接触工况

当双臂抓取杆件产生轴向定位误差时,会出现杆件两端与接头接触的工况,图 5.52(a)为状态 1 下杆件左侧套筒与接头水平端面接触,发生卡阻,无法继续装配;图 5.52(b)为状态 2 下杆件右侧接头与球端接头接触,此时杆件左侧套筒与接头接触,如图 5.52(c)所示。

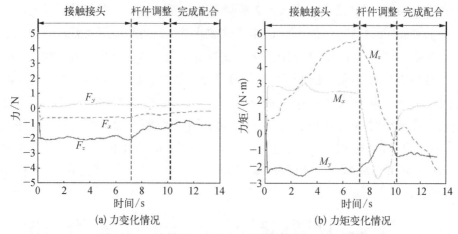

(a) 力变化情况   (b) 力矩变化情况

图 5.51   一端偏离工况状态 3 下力与力矩的变化情况

(a) 状态1杆件左端状态   (b) 状态2杆件右端状态   (c) 状态2杆件左端状态

图 5.52   两端接触工况下的杆件两端状态

两端接触工况状态 1 下装配过程中力与力矩的变化情况如图 5.53 所示,当杆件接触接头时,F_x 增大至 3.6 N,F_z 逐渐减小至 −10 N,超过阈值 thresd_5,M_y 增大至 13 N·m,超过阈值 thresd_1。当进行杆件位姿调整时,M_x 与 F_x 减小,由于左右双臂未能同时调整,F_z 与 M_x 先增大后减小。当 F_x 小于阈值 thresd_9 且 M_x、M_y 都小于阈值 thresd_10 时,表明杆件两端完成配合,符合杆件装配策略。

两端接触工况状态 2 下装配过程中力与力矩的变化情况如图 5.54 所示,当杆件接触接头时,F_x 增大至 3 N,F_z 逐渐减小至 −8.5 N,超过阈值 thresd_5,M_y 增大至 13 N·m,超过阈值 thresd_1。当进行杆件调整时,F_x、F_z 与 M_y 减小。当 F_x 小于阈值 thresd_9 且 M_x、M_y 都小于阈值 thresd_10 时,表明杆件两端完成配合,符合杆件装配策略。

通过采用双臂杆件柔顺装配策略,调整上述未配合的工况后得到杆件装配成功次数如表 5.15 所示。

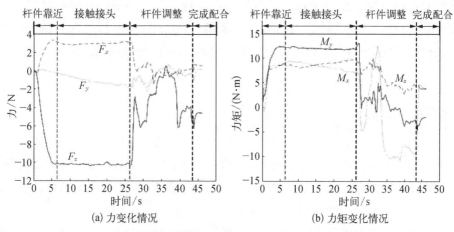

图 5.53　两端接触工况状态 1 下力与力矩的变化情况

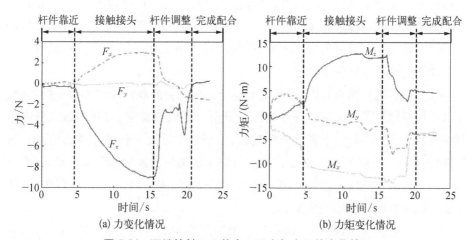

图 5.54　两端接触工况状态 2 下力与力矩的变化情况

表 5.15　经调整后的杆件装配成功次数

接触工况	出现次数	调整后的成功次数	占比/%
两端偏离	3	1	33.3
一端偏离	16	11	68.8
两端接触	11	10	90.9

　　结合表 5.14 和表 5.15 中的数据可知,经过对机械臂末端位姿进行调整后,原先的 30 次未配合工况试验中,杆件装配成功的次数达到 22 次。其中,柔顺装配策略成功与否与杆件的配合工况相关,主要是由于当杆件为两端接触工况时,

杆件只有轴向配合偏差,Baxter 双臂协同操作杆件沿轴向进行位置补偿即可完成配合;当杆件与球端接头间出现位置偏离时,在对杆件进行位置调整的过程中,杆件外侧套筒易与球端接头发生卡阻而终止调整,导致成功次数相对较少。

5.4 小结

本章以空间大型直立桁架为研究对象,针对桁架在空间环境下的组装问题,在参考国内外相关空间桁架装配基础上,结合桁架自身结构与安装场景特点,提出了空间大型直立桁架机械臂装配策略,主要内容如下。

（1）使用单目 RGB 相机实现机械臂对连接杆件的目标位姿测量。首先建立相机成像模型并对相机参数进行标定,将相机固定在机械臂末端并选用 Tsailenz 法进行手眼关系标定,选用平面标识实现对杆件的识别,针对机械臂安装杆件的位置分布特点制定出标识的放置策略,在分析工作空间基础上对机械臂进行运动规划并通过试验验证可行性。

（2）针对组装预安装模块,制定出基于力传感器的双臂杆件柔顺装配策略。提出采用双臂协同方式进行杆件装配并分析双臂约束关系,对双臂装配杆件过程中可能出现的多种工况进行力学建模,分析各个工况下杆件的受力特点并对杆件配合的状态进行判别,制定出对应状态下的机械臂末端位姿调整策略,即当机器人通过力传感器信息分析出杆件的装配位姿后进行纠偏,直至完成配合,从而实现机械臂的杆件柔顺装配。

（3）通过使用 Baxter 双臂机器人、力传感器与支撑短杆来搭建柔顺装配平台,对杆件装配试验中多种工况下的力与力矩数据进行分析,验证双臂杆件柔顺装配策略的有效性。

第6章

桁架结构组装性能验证与评估

针对大型可扩展空间桁架结构在轨组装样机的产品组成、测试目的、测试条件、工作原理、技术要求、产品和测试设备的技术状态、测试项目、测试流程等要求,开展桁架结构组装性能验证,并给出对应的测试评估结果。

6.1　桁架结构组装性能试验准备

通过大型可扩展空间桁架结构样机的测试,达到以下目的。

(1) 验证大型桁架结构的设计方案、构建模式和标准化接口。

(2) 验证大型桁架结构样机的功能和性能指标。

(3) 评价大型桁架结构在轨组装及地面试验的技术成熟度。

6.1.1　测试场地和环境条件

测试场地为在轨组装综合实验室和模态试验大厅。

环境条件如下:相对湿度不大于 60%;大气压为实验室气压;温度为 25±5℃;场地整洁,无灰尘,无油污。

6.1.2　被测产品组成及测试设备

1. 被测产品组成

参加地面测试的产品为大型可扩展空间桁架结构地面样机及测试附件,包括:① 方形边框 6 套(每套边框包含球节点 4 个、桁架边杆 4 根、桁架对角杆 1 根);② 桁架电气杆 5 根(均为桁架边杆,且具有功率及电信号连接功能);③ 桁架边杆 15 根;④ 桁架对角杆 20 根;⑤ 轴向快装测试件 1 套;⑥ 结构减重测试件 1 套。

其中,球节点包括多面体铝型材球头、径向快装公接头;桁架边杆包括碳纤维短连杆、径向快装公接头;桁架对角杆包括碳纤维长连杆、径向快装公接头;轴向快装测试件包括碳纤维杆、轴向快装公接头、轴向快装母接头;结构减重测试件包括减重多面体球头、减重快装公接头、减重快装母接头、碳纤维短连杆。大型可扩展空间桁架结构地面测试系统组成如图 6.1 所示。

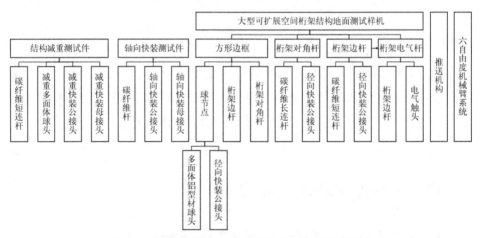

图 6.1　大型可扩展空间桁架结构地面测试系统组成

2. 大型可扩展空间桁架结构地面测试样机

大型可扩展空间桁架结构地面测试样机设计为 5 m 直立桁架结构,存放于在轨组装综合实验室,主要由多面体铝型材球头、径向快装公/母接头等组成。多面体铝型材球头提供了桁架结构的扩展方向与模式,最多可配置 18 个连接孔位;通过径向快装公接头、母接头之间的径向推入操作,可由宇航员、机械臂或人机协作完成桁架结构快速装配;碳纤维短连杆是不同单元径向快装公接头之间的连接杆,起到结构支撑作用。径向快装母接头预装在多面体铝型材球头上,径向快装公接头预装在碳纤维短连杆上,采用不同的预装模式可以实现多类型空间桁架结构的装配,如直立桁架结构、暴露平台桁架结构、特殊舱段连接桁架结构等,可用于舱外太阳翼、舱外大型天线、暴露载荷平台及特殊舱体的扩展连接。此外,部分径向快装公接头和母接头内置功率、信号连接通路,接头上分别设置有电气触点,桁架结构机械连接后即具备供电和通信功能。大型可扩展空间桁架结构地面测试样机的产品组成见图 6.2。

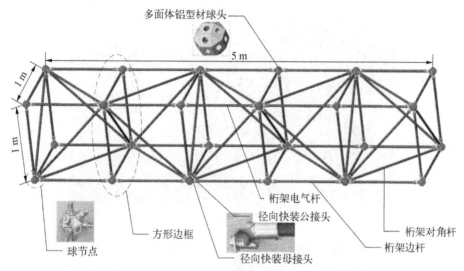

图 6.2　大型可扩展空间桁架结构地面测试样机产品组成

3. 轴向快装测试件

轴向快装测试件如图 6.3 所示,由碳纤维杆、轴向快装公接头、轴向快装母接头组成,其中碳纤维杆与轴向快装公接头已经完成预先装配。

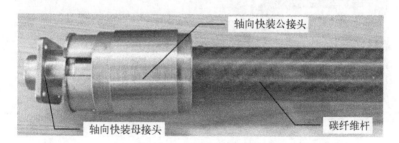

图 6.3　轴向快装测试件

4. 结构减重快装测试件

结构减重快装测试件如图 6.4 所示,由减重多面体球头、减重快装公接头、减重快装母接头、碳纤维短杆组成,其中碳纤维短杆与减重快装公接头已经完成预先装配,减重多面体球头与减重快装母接头已经完成预先装配。

5. 测试设备

参与性能验证、评估的主要测试设备包括推送机构、6 自由度机械臂系统及模态测试系统。

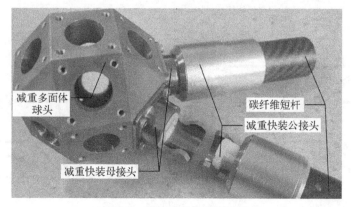

减重多面体
球头

碳纤维短杆
减重快装公接头

减重快装母接头

图 6.4 结构减重快装测试件

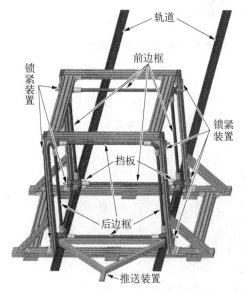

轨道

前边框

锁紧
装置

锁紧
装置

挡板

后边框

推送装置

图 6.5 推送机构结构原理图

1）推送机构

推送机构主要对人机协作装配大型可扩展空间桁架结构地面样机起到辅助作用。推送机构可以对地面样机起到固定、解锁、推送、支撑等作用，其结构原理图如图 6.5 所示，实物样机如图 6.6 所示。

推送机构由上位机（含遥控器）、结构框架、锁紧装置、止挡装置、主推装置组成。锁紧装置、止挡装置与主推装置具有 11 个电机，其中有 8 个锁紧电机，2 个止挡电机，1 个主推电机。上位机具有触摸显示屏，可以手动控制 11 个电机动作，也可以执行自动流程。结构框架为铝合金型材搭建，包含对锁紧装置、止挡装置、主推装置的定位结构及对地面样机起到支撑作用的导轨。推送机构布局如图 6.7 所示（俯视图）。

（1）推送机构的电气逻辑。

为了辅助完成人机协作地面样机装配任务，推送机构设计有一套自动辅助流程，可通过上位机操作者主动触发信号实现推送机构的需求动作。根据功能需求，推送机构的 11 台电机分为 4 组，对应图 6.7：① 主推电机为电机组 M_1，用

图 6.6　推送机构实物样机

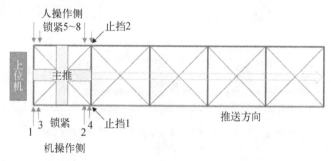

图 6.7　推送机构布局图

于将装配完成的桁架结构推出,以准备下一个单元的装配;② 锁紧电机 2、4、6、8 为电机组 M_2,用于锁紧对应位置的后方形边框;③ 锁紧电机 1、3、5、7 为电机组 M_3,用于锁紧对应位置的前方形边框;④ 止挡电机 1、2 为电机组 M_4,用于对装配完成的桁架结构进行机械限位。

推送机构设计有 3 个自动流程信号,分别为:① 信号 S_1,用于声明后方形边框就位,触发信号后依次执行如下动作,即电机组 M_3 推出,锁紧后方形边框;② 信号 S_2,用于声明前方形边框就位,触发信号后依次执行如下动作,即电机组 M_2 推出,锁紧前方形边框;③ 信号 S_3,用于声明当前立方体单元装配完成。

触发信号后依次执行如下动作:① 电机组 M_2、M_3、M_4 收回,解锁部分装配完成的地面样机;② 电机组 M_1 推出,推出部分装配完成的地面样机;③ 延时

3 s；④ 电机组 M_4 推出，为部分装配完成的地面样机提供机械限位；⑤ 电机组 M_1 完全推出到位后，收回复位。

在一个完整的装配流程中，信号触发顺序依次如下：① $S_1 \to S_2 \to$ 人机协同装配第一个立方体 $\to S_3 \to$ 第一个立方体装配；② $S_1 \to S_2 \to$ 人机协同装配第二个立方体 $\to S_3 \to$ 第二个立方体装配；③ $S_1 \to S_2 \to$ 人机协同装配第三个立方体 $\to S_3 \to$ 第三个立方体装配；④ $S_1 \to S_2 \to$ 人机协同装配第四个立方体 $\to S_3 \to$ 第四个立方体装配；⑤ $S_1 \to S_2 \to$ 人机协同装配第五个立方体 $\to S_3 \to$ 第五个立方体装配。

推送机构的手动模式可以单独控制各个电机的动作，电机均为步进电机，可以通过手动模式点动或控制电机运动给定步距，推送机构的控制流程如图 6.8 所示。

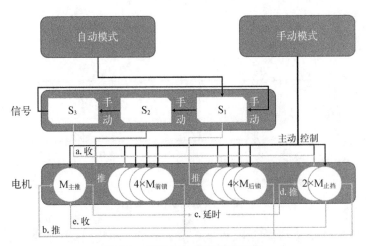

图 6.8　推送机构的控制流程图

推送机构中的各电机通过驱动机构转化为对应构件装置的直线运动，电机及运动相关参数见表 6.1。

表 6.1　电机及运动相关参数

电　机	数　量	行程/mm	推力/N
推送	1	1 000	300
锁紧	8	26	75
止挡	2	18	75

（2）推送机构的联动操作。

推送机构开机后，可通过触摸屏或遥控器进行联动流程操作（图 6.9）。

图 6.9 推送机构控制系统欢迎界面

图 6.9 中，"生产联动"会导向自动操作界面，"手动测试"会导向手动调试界面，"位置参数"和"运行参数"中可以实时显示系统参数。

通过触摸屏点击"生产联动"，可进入生产联动界面（图 6.10）。生产联动界面不仅可以控制推送机构的电机动作，还可实时监控推送机构运行状态。

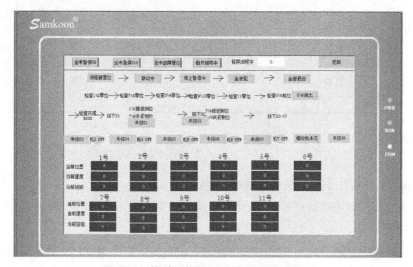

图 6.10 推送机构控制系统生产联动界面

在推送机构控制系统准备就绪后,按动遥控器上的按键1或触摸屏的S_1,可以实现信号S_1的触发;按动遥控器上的按键2或触摸屏的S_2,可以实现信号S_2的触发;按动遥控器上的按键8或触摸屏的S_8,可以实现信号S_3的触发。

2)6自由度机械臂系统

6自由度机械臂系统是大型桁架结构地面样机组装测试的机械臂操作设备,可单独使用或配合航天员,实现在推送机构上的桁架组装操作,主要包括:6自由度机械臂1套、夹持工具1套、单目视觉相机1台、平面标识2个、支撑底座1台等。测试前的主要状态如下。

(1)机械臂采用侧装的方式固定于底座上,机械臂上电。

(2)夹持工具安装在机械臂末端,并由机械臂系统供电和控制。

(3)单目视觉相机安装在机械臂末端,单目视觉相机上电。

(4)平面标识已粘贴在推送机构铝型材框架相应位置。其中,标识1放置于桁架单元支撑框架中间型材的中间位置,标识2放置于机械臂左侧桁架单元支撑框架的上侧支架位置。

(5)机械臂与地面测试系统之间的坐标系关系已标定。

3)模态测试系统

模态测试系统位于模态试验大厅,用于测量地面样机的模态特性,模态测试试验仪器仪表清单见表6.2。

表6.2 模态测试试验仪器仪表清单

序号	名　　称	型　　号	规　　格	厂家	数量
1	数据采集系统	LMS SCADAS III	64 通道	LMS	2 套
2	电磁激振器系统	MB Modal 110	最大推力 50 kg	MB	2 套
3	力传感器	PCB 208C03	2.3 mV/N	PCB	2 个
4	三向加速度传感器	Dytran 3263M9	100 mV/g	Dytran	58 个

模态测试试验系统原理框图见图6.11。

6.1.3 大型可扩展空间桁架结构数字样机

本节测试以100 m大型直立空间桁架结构数字样机为对象,其结构形式如图6.12所示。

在CAD建模软件中可知,该结构包括100个立方体单元,其中多面体铝型材球点404个,碳纤维短杆804根,碳纤维长杆501根,接头2610对(图6.13)。

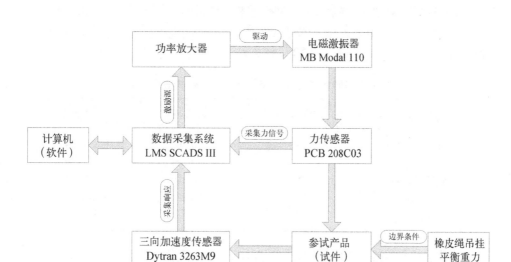

图 6.11　模态测试试验系统原理框图

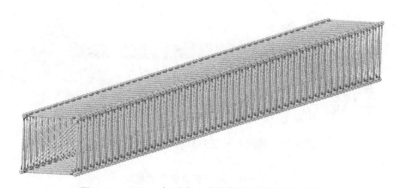

图 6.12　100 m 大型直立空间桁架结构数字样机

装配零件的总数桁架简化直立桁架:					
数量 ▶	类型 ▶	名称 ▶	操作		
404	零件	球点单元			
804	零件	边杆零件			
2610	零件	公接头			
2610	零件	母接头			
2610	零件	轴套			
501	零件	面杆零件			

图 6.13　大型直立桁架结构数字样机的物料清单

在 CAD 建模软件中测量直立空间桁架数字样机的外包络尺寸,可知该结构的长度包络尺寸为 100.084 m,宽度包络尺寸为 1.084 5 m,高度包络尺寸为 1.084 5 m。100 m 直立空间桁架结构数字样机的整体重量约为 1 565.36 kg(表 6.3)。

表 6.3　100 m 直立空间桁架数字样机质量测算结果

构　件	数量/个	单重/kg	总质量/kg
多面体铝型材球点	404	0.56	226.34
碳纤维短杆	804	0.22	176.88
碳纤维长杆	501	0.34	170.34
接头	2 610	0.38	991.8
整机	—	—	1 565.36

将数字样机放在 CAE 软件中进行模态分析,对模型进行如图 6.14 所示的等效简化,其中球点等效集中质量见表 6.4;碳纤维杆与接头的等效参数见表 6.5;径向装配接头分段线性刚度见图 6.15。

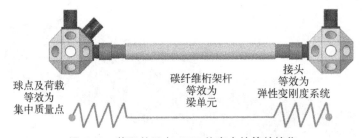

图 6.14　装配单元在 CAE 仿真中的等效简化

表 6.4　球点等效集中质量

载 荷 情 况	空　载	半　载	满　载
球点等效集中质量/kg	0.56	1.56	2.56

表 6.5　碳纤维杆与接头的等效参数

构　件	密度/(kg/m³)	内径/mm	外径/mm	长度/m
接头	10 441	18	26	0.121 25
1 m 碳杆	1 630	26	30	0.757 50
$\sqrt{2}$ m 碳杆	1 630	26	30	1.171 71

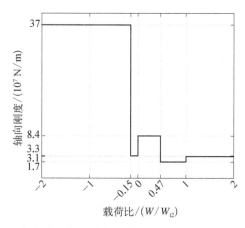

图 6.15　径向装配接头分段线性刚度(载荷基准 $W_{t2}=2$ kN)

当边界条件设置为单边端面固支时,其结果如图 6.16 所示。经计算,该直立桁架结构空载基频约为 0.04 Hz,符合基频要求。

图 6.16　100 m 直立空间桁架结构单边固支模态分析结果

同样是单边固支的边界约束,双侧均布 800 kg 挂载后,基频约为 0.03 Hz,符合要求,如图 6.17 所示。

选择中性面固支作为边界约束,空载工况基频约为 0.16 Hz,半载 400 kg 工况基频约为 0.15 Hz,满载 800 kg 工况下的基频约为 0.13 Hz,符合要求,如图 6.18 所示。

100 m 直立空间桁架结构数字样机的详细仿真结果见表 6.6 所示,各种工况条件均满足要求。

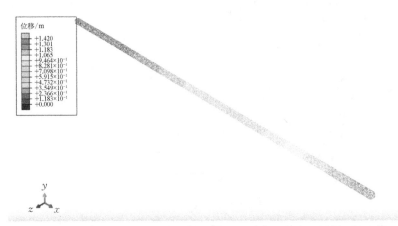

图 6.17　100 m 直立空间桁架结构单边固支,双侧均布 **800 kg** 挂载的模态分析结果

(a) 空载工况

(b) 满载工况

图 6.18　100 m 直立空间桁架结构中性面固支模态分析结果

表 6.6　100 m 直立空间桁架结构数字样机仿真结果

约　　束	空　　载	半载 400 kg	满载 800 kg
单边固支	0.04 Hz	0.04 Hz	0.03 Hz
中间固支	0.16 Hz	0.15 Hz	0.13 Hz

6.1.4　大型空间桁架结构在轨扩展与构建方式

通过桁架装配拓展单元实现的在轨扩展与构建方式有直立桁架扩展模式、暴露平台扩展模式、特殊舱段连接桁架扩展模式三种,桁架结构见图 6.19。

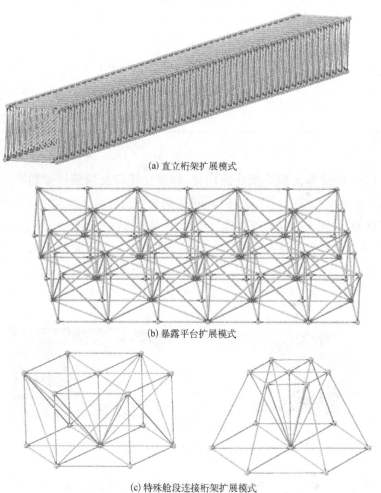

(a) 直立桁架扩展模式

(b) 暴露平台扩展模式

(c) 特殊舱段连接桁架扩展模式

图 6.19　三类桁架结构在轨扩展与构建方式

对于 5 m 直立空间桁架结构地面样机,采用了航天员装配、机械臂装配、人机协同装配等三种构建方式,对于一个立方体结构单元,需要装配 8 根桁架杆,其装配方案中包含了三种构建方式,如表 6.7 所示。

表 6.7　杆件装配方案

装配次序	杆件名称	杆件类别	杆件位置	装配方式
1	L4	桁架电气杆	中间下层	人机协作
2	E2	桁架边杆	人侧下层	宇航员自主
3	L3	桁架对角杆	中间上层	人机协作
4	E1	桁架电气杆	人侧上层	宇航员自主
5	L5	桁架对角杆	人侧中层	宇航员自主
6	E4	桁架边杆	机侧下层	机械臂自主
7	L6	桁架对角杆	机侧中层	机械臂自主
8	E3	桁架边杆	机侧上层	机械臂自主

6.1.5　桁架单元组成模块通用化、标准化接口及快速插拔功能

本节测试中所指的通用化为不同杆件的公接头可以适应同一球节点中母接头的对接,同时同一杆件的母接头还可以适应不同球节点中公接头的对接。在图 6.20 所示的公接头坐标系下,接头可以在表 6.8 所示的范围内实现自适应装配。

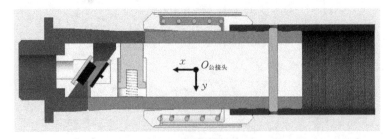

图 6.20　径向接头方案原理

本节测试中所指的标准化为设计和验证影响桁架结构装配精度、结构刚度等性能指标的接口关键尺寸参数的过程,如锥面锥度、锥面长度等。

表 6.8 接头系统装配允差

项　目	位移/mm		转角/(°)		
	x	y	x	y	z
机器人精度能力	±1	±1	±1	±1	±1
正向允差	5.5	6.66	7.9	11.2	9.2
逆向允差	−6	−6.66	−15.8	11.2	9.2

根据图 6.21,机器人抓取桁架杆对准时是 2″,机器人装配完成时是 13″,装配过程为 11″,可以实现机器人的双侧接头快速装配。

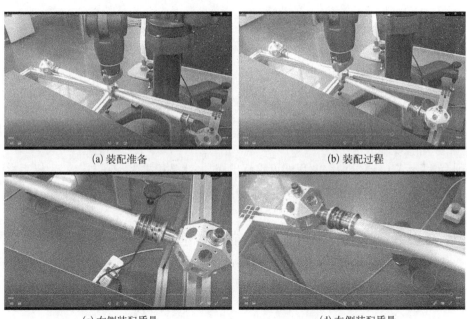

(a) 装配准备 　　　　　　　　　　　(b) 装配过程

(c) 右侧装配质量 　　　　　　　　　(d) 左侧装配质量

图 6.21 快速装配功能的机器人验证

6.2 桁架结构的组装定位精度

采用量程卷尺测量桁架结构地面样机的长度包络,测算结果为 5.08 m;依据说明书,6 自由度 Jaka Zu12 型机械臂的重复定位精度为±0.03 mm。

6.2.1　桁架组装地面试验系统标定

（1）利用激光跟踪仪对组装系统进行标定,建立跟踪仪坐标系 $O_{激光}(x_{激光},$ $y_{激光},z_{激光})$、机械臂坐标系 $O_{机械臂}(x_{机},y_{机},z_{机})$、标识坐标系 $O_{标识}(x_{标},y_{标},$ $z_{标})$,以及框架/桁架坐标系 $O_{框架}(x_{框},y_{框},z_{框})/O_{桁架}(x_{桁},y_{桁},z_{桁})$ 之间的关系。

（2）相机位姿标定,通过手眼标定的方法标定机械臂坐标系 $O_{机械臂}(x_{机},$ $y_{机},z_{机})$ 与 $O_{相机}(x_{相机},y_{相机},z_{相机})$ 之间的关系,方法如下。

令机械臂做两次运动,摄像头分别拍摄两个位置,在这种情况下,机械臂坐标系和标定板坐标系的相对位姿始终保持不变,则有

$$
{}_{End}^{Base1}T \times {}_{Camera1}^{End}T \times {}_{Obj}^{Camera1}T = {}_{End}^{Base2}T \times {}_{Camera2}^{End}T \times {}_{Obj}^{Camera2}T \tag{6.1}
$$

式中,${}_{B}^{A}T$ 表示从坐标系 A 到坐标系 B 的转换矩阵。

对式(6.1)做适当的转换,则有

$$
{}_{End}^{Base2}T^{-1} \times {}_{End}^{Base1}T \times {}_{Camera1}^{End}T = {}_{Camera2}^{End}T \times {}_{Obj}^{Camera2}T \times {}_{Obj}^{Camera1}T^{-1} \tag{6.2}
$$

令

$$
A = {}_{End}^{Base2}T^{-1} \times {}_{End}^{Base1}T, \quad B = {}_{Obj}^{Camera2}T \times {}_{Obj}^{Camera1}T^{-1}, \quad X = {}_{Camera}^{End}T
$$

则有 $AX = XB$,通过求解方程即可求解出 X,也就是相机坐标系与末端坐标系之间的关系,进而推导出机械臂坐标系 $O_{机械臂}(x_{机},y_{机},z_{机})$ 与 $O_{相机}(x_{相机},y_{相机},$ $z_{相机})$ 之间的关系。

（3）相机内参标定,利用第(2)步的方法标定摄像机内参,具体过程如下。

从真实世界的三维点投影到二维的成像平面的映射方程为

$$
\lambda \tilde{x} = (\Lambda, 0) \begin{bmatrix} \Omega & \tau \\ 0^{T} & 1 \end{bmatrix} \tilde{w} = \Lambda(\Omega, \tau)\tilde{w} \tag{6.3}
$$

式中,λ 为一个常系数;$\tilde{x}$ 表示像素坐标系下的一个像素点的像素坐标;Λ 表示摄像机的内部参数(如焦距)矩阵,$\Lambda = \begin{bmatrix} \varphi_{x} & \gamma & \delta_{x} \\ 0 & \varphi_{y} & \delta_{y} \\ 0 & 0 & 1 \end{bmatrix}$;$(\Omega, \tau)$ 表示从摄像机坐标系到标定板坐标系(物理世界坐标系)的转换关系,其中 Ω 为旋转矩阵,τ 为平移矩阵;$\tilde{w}$ 表示标定板坐标系下的一个具体的三维点。

通过采用张正友标定法,可以求解得到摄像机的内在参数 Λ 矩阵,其中

$$
\begin{cases}
\delta_x = \dfrac{\gamma\delta_y}{\varphi_y} - \dfrac{B_{13}\varphi_x^2}{\lambda} \\[3mm]
\delta_y = \dfrac{B_{12}B_{13} - B_{11}B_{23}}{B_{11}B_{12} - B_{12}^2} \\[3mm]
\varphi_x = \sqrt{\dfrac{\lambda}{B_{11}}} \\[3mm]
\varphi_y = \sqrt{\dfrac{\lambda B_{11}}{B_{11}B_{12} - B_{12}^2}} \\[3mm]
\gamma = \dfrac{-B_{12}\varphi_x^2\varphi_y}{\lambda} \\[3mm]
\lambda = B_{33} - \dfrac{B_{13}^2 + \delta_y(B_{12}B_{13} - B_{11}B_{23})}{B_{11}}
\end{cases}
\tag{6.4}
$$

（4）理论定位点计算。以机械臂一侧下端桁架边杆装入球节点前一个位置作为杆件的目标定位位置（在其上大于 15 mm 处）。在 V－REP 软件中建立机械臂、方形边框、杆件支架、杆件及标志物的三维布局模型（图 6.22），通过坐标换算，计算出机械臂将杆件输送到目标位置时的杆件中心点坐标 $A(x, y, z)$，将该坐标作为定位点的理论位置。

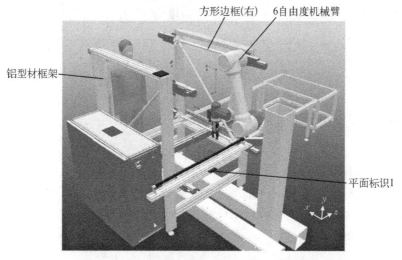

图 6.22　杆件组装过程中的各部分位置关系图

6.2.2 定位精度计算与测试

1. 测试步骤

1）标识识别

由固定在机械臂末端的摄像头进行单目测量，获得标识中心点在机械臂坐标系下的坐标，具体计算方法如下。

由 6.2.1 节可知，从真实世界的三维点投影到二维的成像平面的映射方程为

$$\lambda \tilde{x} = (\Lambda, \, 0) \begin{bmatrix} \Omega & \tau \\ 0^{\mathrm{T}} & 1 \end{bmatrix} \tilde{w} = \Lambda(\Omega, \, \tau) \tilde{w}$$

在物理世界中，以标志物为坐标原点建立的坐标系，可以得到每个点对应的三维坐标。通过矩阵运算就可以求解出标识中心点在摄像机坐标系下的坐标，换算得到标识中心点在机械臂坐标系下的坐标。

2）定位点计算

利用前述标定得到的标识坐标系与框架坐标系的关系，计算得到该杆件中心点的定位坐标 $A'(x, \, y, \, z)$。将该坐标作为机械臂运动的目标点，当机械臂精确抓取杆件中心位置后，利用轨迹规划结果将杆件输送到该目标点，该点即为杆件定位的实际点。

2. 定位精度计算

利用杆件定位实际点的坐标 $A'(x, \, y, \, z)$ 与理论定位点的坐标 $A(x, \, y, \, z)$，计算两个坐标的距离：$d = \sqrt{(x - x')^2 + (y - y')^2 + (z - z')^2}$。

因此，大型桁架结构地面样机的定位精度为

$$d_c = d \pm \Delta = \sqrt{(x - x')^2 + (y - y')^2 + (z - z')^2} \pm \Delta \tag{6.5}$$

6.3 直立桁架结构地面样机模态试验

直立桁架结构地面样机的质量测试环节采用悬吊法，见图 6.23，将样机本体通过钢丝绳悬吊，并将 4 个悬吊点找平后统一连接到测力计下端，弹簧测力计上端与电动葫芦连接，将样机整体悬吊，测得其总质量。然后将样机与钢丝绳断开连接，通过测力计单独测量钢丝绳组的质量，二者相减得到样机总质量。

(a) 样机+吊挂附件质量　　　　　(b) 吊挂附件质量

图 6.23　样机整体质量实测

6.3.1　产品状态、测试仪表及方法

5 m 直立桁架结构地面样机的模态试验工况如下：① 一端自由、一端固支，不带配重；② 一端自由、一端固支，模拟单侧负载 20 kg(一侧承载)；③ 一端自由、一端固支，模拟双侧负载 40 kg(双侧承载)；④ 两端自由、不带配重。

参试产品组装形式及包络尺寸见图 6.24，配重安装方式见图 6.25，相关参数见表 6.9。

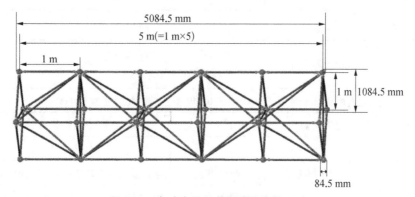

图 6.24　参试产品组装形式及包络尺寸

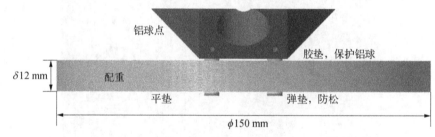

铝球点

胶垫，保护铝球

$\delta 12$ mm

配重

平垫

弹垫，防松

$\phi 150$ mm

图 6.25　配重安装方式

表 6.9　5 m 直立桁架结构的主要参数

序　号	项　　目	参　　数
1	质量	86.3 kg
2	长度	5.084 5 m
3	宽度	1.084 5 m
4	高度	1.084 5 m

　　试验仪器仪表清单见表 6.2，采用随机激励法测试，测试系统原理框图见图 6.11。

6.3.2　一端自由、一端固支工况

　　一端自由、一端固支状态（工况 1~3）模态试验方案见表 6.10。试验前通过两组手拉葫芦+橡皮绳+钢丝绳组合吊挂产品（表 6.11 和图 6.26~图 6.28）。

表 6.10　一端固支、一端自由状态模态试验方案

序　号	项　　目	内　　容	
1	试验边界条件	① 采用橡皮绳吊挂产品平衡重力； ② 4 个球点与固定工装螺接	
2	加速度传感器选型	Dytran 3263M9 型，三轴，灵敏度为 100 mV/g	
3	力传感器	PCB 208C03 型，单轴，灵敏度为 2.3 mV/N	
4	激励与采样参数	参　　数	工况 1~3
		激励方式	电磁激振器 MB Modal 110，随机激励
5		激励带宽/Hz	102.4

（续表）

序　号	项　　目		内　　容
5	激励与采样参数	采样频率/Hz	204.8
6		频率分辨率/Hz	0.1
		测点数量	20 个，编号 1~20，C1~C4 为 4 个固支的球点位置，见图 6.27
7		试验坐标系	见图 6.27，其中水平方向为 z，竖直方向为 y，轴向方向（前后）为 x

表 6.11　吊点位置信息

吊　点	位　　　　置	备　注
1	7、12 测点所在球点，两球点通过等长钢丝绳，并作一点，与橡皮绳连接，通过手拉葫芦平衡产品重力	① 固支状态下，产品下端距离地面约 1.02 m；
2	9、14 测点所在球点，两球点通过等长钢丝绳，并作一点，与橡皮绳连接，通过手拉葫芦平衡产品重力	② 钢丝绳长度约 1.60 m； ③ 橡皮绳直径为 20 mm

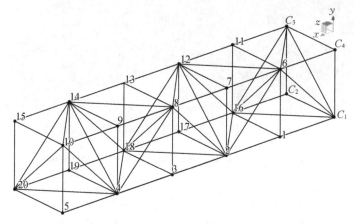

图 6.26　一端固支、一端自由状态下的测点布置方案

模态试验选择了两套激励方案，分别是点 20 的 $-z$ 方向激励和点 5 的 $+y$ 方向激励，试验测得工况 1~3 的基频情况，见表 6.12，总体频率响应及多变量模态指示函数仅列举点 20 的 $-z$ 方向激励情况见图 6.29。

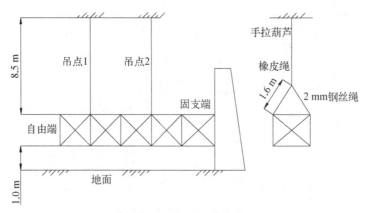

图 6.27 一端固支、一端自由状态下的吊挂方式示意图

图 6.28 一端固支、一端自由状态下的试验图(工况 1)

表 6.12 实测一端固支、一端自由工况下的基频(点 20-z)

工况	频率/Hz	阻尼比/%	MIF	振型描述
1	9.9	3.76	0.02	一弯(z)
2	9.2	2.56	0.03	一弯(z)
3	8.5	4.36	0.01	一弯(z)

注:MIF 表示模态指示函数。

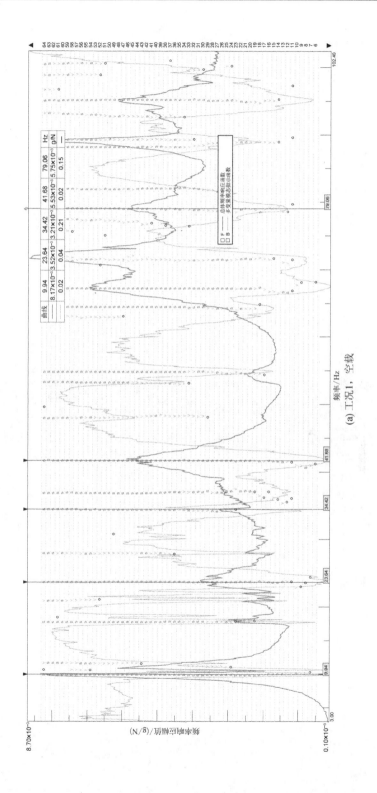

(a) 工况1，空载

频率/Hz

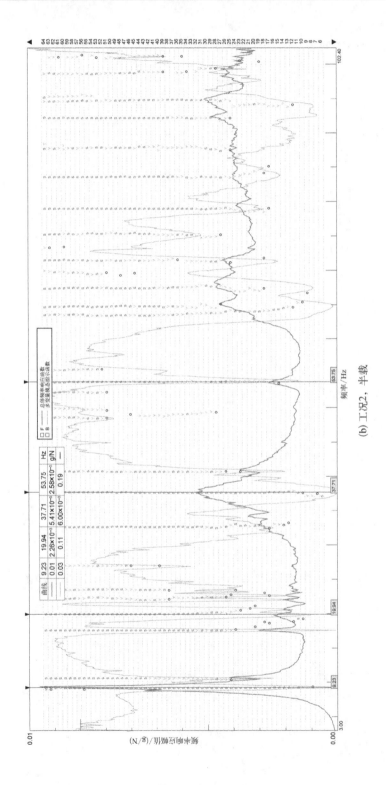

(b) 工况2, 半载

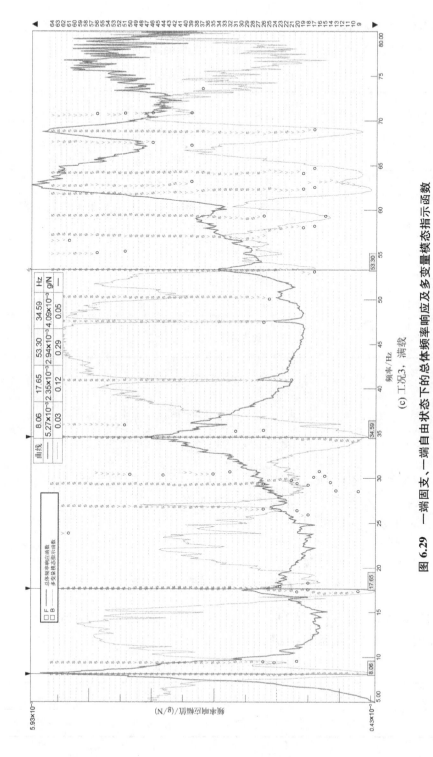

图 6.29 一端固支、一端自由状态下的总体频率响应及多变量模态指示函数

(c) 工况3，满载

O、S、V、B、F 表示针对不同频率质量特性的稳态点标识

6.3.3　自由状态、空载工况

自由状态模态试验方案见表6.13，吊挂方案见图6.30~图6.32。

表6.13　自由状态模态试验方案

序　号	项　　目	内　　　容	
1	试验边界条件	吊挂方式与一端自由、一端固支状态下相同	
2	加速度传感器选型	Dytran 3263M9 型，三轴，灵敏度为 100 mV/g	
3	力传感器	PCB 208C03 型，单轴，灵敏度为 2.3 mV/N	
4	激励与采样参数	激励方式	MB Modal 110 电磁激振器，随机激励
		带宽/Hz	102.4
		采样频率/Hz	204.8
		频率分辨率/Hz	0.1
5	测点布置	测点数量	24（编号 1~24），见图 6.31
6		试验坐标系	见图 6.31，其中水平方向 z，竖直方向 y，轴向（前后）x

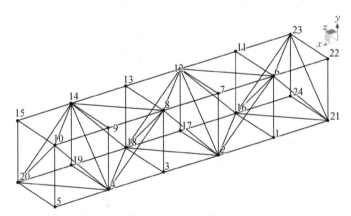

图6.30　两端自由状态下的测点布置方案

自由状态模态试验（工况 4）结果如表 6.14 所示，激励方式为 5+y、15-z，总体频率响应及多变量模态指示函数见图 6.33。

表6.14　自由状态模态试验结果

工况	频率/Hz	阻尼比/%	MIF	振型描述
4	39.7	7.20	0.01	一弯

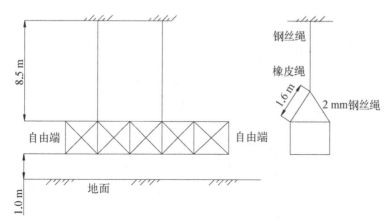

图 6.31　自由状态下的吊挂参数示意图

图 6.32　自由状态模态试验(工况 4)

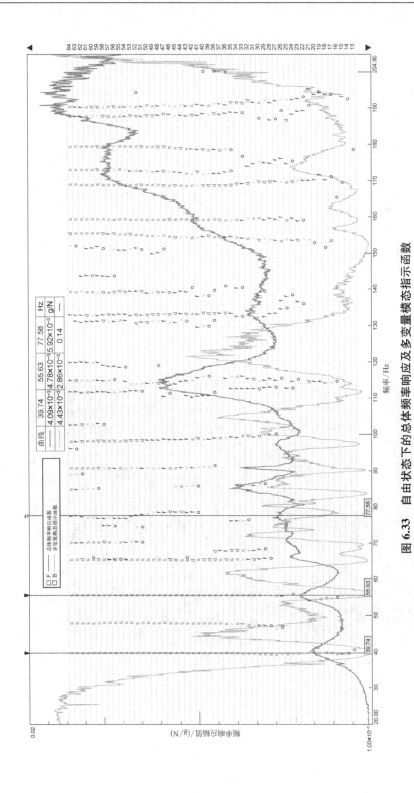

图 6.33 自由状态下的总体频率响应及多变量模态指示函数

6.4 桁架结构组装技术成熟度

本节测试以第 5 个桁架单元为测试对象,对样机的技术成熟度进行测试。

1. 测试条件

(1) 前 4 个桁架单元已装配完成,第 5 个桁架单元的左方形边框已锁定在推送机构上。

(2) 第 5 个桁架单元的杆件命名如图 4.6 所示。

(3) 第 5 个桁架单元的杆件装配方案如表 6.7 所示。

2. 测试过程

(1) 开始进行第 5 个桁架单元的装配:① 机械臂抓取 L4 并将其移动至装配区,航天员和机械臂各执一端,协作完成 L4 装配;② 机械臂抓取 E2 后将其传递给航天员,航天员自主完成 E2 装配;③ 机械臂抓取 L3 并将其移动至装配区,航天员和机械臂各执一端,协作完成 L3 装配;④ 机械臂抓取 E1 后将其传递给航天员,航天员自主完成 E1 装配;⑤ 机械臂抓取 L5 后将其传递给航天员,航天员自主完成 L5 装配;⑥ 机械臂自主完成 E4 装配;⑦ 机械臂自主完成 L6 装配;⑧ 机械臂自主完成 E3 装配;

(2) 推送机构将已装配完成的 5 m 地面样机推出,桁架单元装配结束。

(3) 测试功率、电气通路:① 将信号发送接收器分别插在电气通路两端,并上电;② 信号发送接收器入口触摸屏依次按动按钮 A、B,信号发送接收器出口触摸屏依次显示 open、close;③ 信号发送接收器出口触摸屏依次按动按钮 A、B,信号发送接收器入口触摸屏依次显示 open、close。

6.5 小结

本章针对大型可扩展空间结构地面演示样机及数字样机进行了可扩展尺寸、在轨扩展与构建方式、模块通用化、标准化接口及快速插拔功能、组装定位精度、总质量、基频、技术成熟度等方面的性能验证与评估,经过验证评估,其满足各项要求。

参 考 文 献

[1] Judith J W, Timothy J C, Harold G B. A history of astronaut construction of large space structures at NASA Langley Research Center [C]. Proceedings of IEEE Aerospace Conference, Big Sky, 2002: 3569 – 3587.

[2] Hachkowski M R, Peterson L D. A comparative history of the precision of deployable spacecraft structures[R]. University of Colorado Publication, CUCAS – 95 – 22, 1995.

[3] Keith P, Knox S L. Astronomical telescopes-a new generation[J]. Johns Hopkins Apl Technical Digest, 1989, 10(1): 259 – 266.

[4] 郭继锋,王平,崔乃刚.大型空间结构在轨装配技术的发展[J].导弹与航天运载技术, 2006,3: 28 – 35.

[5] Shayler D J. Skylab: America's space station[J]. Society for Astronomical Sciences Annual Symposium, 2001, 57: 775 – 776.

[6] 程绍驰,刘映国.“国际空间站”空间科学与应用发展及影响分析[J].国际太空,2010, 12: 39 – 45.

[7] 贾平.国外在轨装配技术发展简析[J].国际太空,2016,12: 61 – 64.

[8] 崔瑛楠.美国空间在轨装配技术发展史[D].哈尔滨:哈尔滨师范大学,2012.

[9] 空间科学和技术综合专题组.2020 年中国空间科学和技术发展研究(上)[C].中国科学和技术发展研究,北京,2004: 395 – 450.

[10] Rehnmark F, Currie N, Ambrose R O, et al. Human-centric teaming in a multi-agent EVA assembly task[C]. Proceedings of 34th International Conference on Environmental Systems, Colorado, 2004: 2485 – 2493.

[11] Rehnmark F, Bluethmann W, Rochlis J, et al. An effective division of labor between human and robotic agents performing a cooperative assembly task[C]. IEEE International Conference on Humanoid Robots, Washington D.C., 2003.

[12] 芦瑶.空间在轨装配技术发展历程研究[D].哈尔滨:哈尔滨工业大学,2011.

[13] 韩亮亮,杨健,陈萌,等.面向空间站在轨服务的人机系统概念设计[J].载人航天,2015, 21(4): 322 – 328,372.

[14] Heard W L, Judith, Waston J, et al. Results of the ACCESS space construction shuttle flight experiment[C]. Proceedings of the 2nd Aerospace Maintenance Conference, San Antonio, 1986: 118 – 125.

[15] Will R, Rhodes M, Doggett W R, et al. An automated assembly system for large space

structures［J］. Intelligent Robotic Systems for Space Exploration, 1992, 1387: 60－71.

［16］ Doggett W. Robotic assembly of truss structures for space systems and future research plans ［C］. Proceedings of IEEE Aerospace Conference, Montana, 2002: 1－7.

［17］ Staritz P J, Skaff S, Urmson C, et al. Skyworker: a robot for assembly, inspection and maintenance of large scale orbital facilities［C］. IEEE International Conference on Robotics & Automation, Seoul, 2001.

［18］ Bluethmann W, Ambrose R, Diftler M, et al. Robonaut: a robot designed to work with humans in space［J］. Autonomous Robots, 2003, 14(2－3): 179－197.

［19］ Diftler M A, Ahlstrom T D, Ambrose R O, et al. Robonaut 2 — initial activities on-board the ISS［C］. IEEE Aerospace Conference Proceedings, Montana, 2012: 1－12.

［20］ Schultz A, Adams W, Brock D, et al. Collaborating with humanoid robots in space［C］. Proceedings of the Second International Conference on Computational Intelligence, Robotic and Autonomous Systems, Hyderabad, 2003.

［21］ Rehnmark F, Bluethmann W, Rochlis J, et al. An effective division of labor between human and robotic agents performing a cooperative assembly task［C］. Proceedings of IEEE International Conference on Humanoid Robots, Long Beach, 2003: 1－21.

［22］ 刘宏,李志奇,刘伊威,等.天宫二号机械手关键技术及在轨试验［J］.中国科学:技术科学,2018,48(12):1313－1320.

［23］ 沈晓凤,曾令斌,靳永强,等.在轨组装技术研究现状与发展趋势［J］.载人航天,2017,23(2):228－235,244.

［24］ 王明明,罗建军,袁建平,等.空间在轨装配技术综述［J］.航空学报,2021,42(1):47－61.

［25］ 郭继峰,王平,崔乃刚.大型空间桁架结构装配序列的分层规划方法［J］.哈尔滨工业大学学报,2008,40(3):350－353.

［26］ 郭继峰,王平,程兴,等.一种用于空间在轨装配的两级递阶智能规划算法［J］.宇航学报,2008,29(3):1059－1063,1069.

［27］ 邓雅,刘维惠,李晓辉,等.一种空间机械臂无视觉在轨柔顺装配方法［J］.空间控制技术与应用,2018,44(6):8－12.

［28］ 丁继锋,高峰,钟小平,等.在轨建造中的关键力学问题［J］.中国科学:物理学力学天文学,2019,49(2):54－61.

［29］ 张玉良,张佳朋,王小丹,等.面向航天器在轨装配的数字孪生技术［J］.导航与控制,2018,17(3):75－82.

［30］ 李团结,马小飞,华岳,等.大型空间天线在轨装配技术［J］.载人航天,2013(1):90－94.

［31］ 赫向阳.七自由度仿人机械臂直接示教方法研究［D］.武汉:华中科技大学,2017.

［32］ 陈萌,赵常捷,王旭,等.空间桁架结构模块化组装及任务规划研究［C］.融合创新发展的航天器总体技术,中国航天科技集团有限公司科学技术委员会航天器总体技术专业组2019年学术研讨会,兰州,2019:185－194.

［33］ Chen M, Zhang W Q, Zhao C J, et al. Rapid assembly of demonstration of space standard truss unit with man-machine cooperation［C］. Astronautic Breakthrough Technology and Innovation, The 8th CSA－IAA Conference on Advanced Space Technology, Shanghai, 2019.

[34] 胡佳兴,赵常捷,郭为忠.面向在轨智能装配的太空桁架结构编码与靶标系统设计[J].机械工程学报,2021,57(10):1-8.

[35] 赵常捷,郭为忠,林荣富,等.大型空间桁架用快速接头创新设计[J].机械设计与研究,2019,35(5):28-31,40.

[36] Zhu X Y, Wang C H, Chen M, et al. Concept plan and simulation of on-orbit assembly process based on human-robot collaboration for erectable truss structure[C]. Man-Machine-Environment System Engineering, Proceedings of the 20th International Conference on MMESE, Springer, 2021: 683-690.

[37] 王旭,李世其,王长焕,等.空间桁架杆件与球节点的机器人双臂柔顺装配[J].载人航天,2020,26(6):741-750.

[38] 钱学森.关于思维科学[M].上海:上海人民出版社,1986.

[39] Lenat D B, Feigenbaum E A. On the thresholds of knowledge[J]. Artificial Intelligence for Industrial Applications, 1991, 47(1-3): 185-250.

[40] Kaiser L, Schlotzhauer A, Brandstötter M. Safety-related risks and opportunities of key design-aspects for industrial human-robot collaboration[C]. International Conference on Speech and Computer, Leipzig, 2018.

[41] Schmidtler J, Knott V, Hölzel C, et al. Human centered assistance applications for the working environment of the future[J]. Occupational Ergonomics, 2015, 12(3): 83-95.

[42] Wang X V, Seira A, Wang L. Classification, personalised safety framework and strategy for human-robot collaboration[C]. Proceedings of International Conference on Computers & Industrial Engineering, Auckland, 2018.

[43] Wang L, Gao R, Váncza J, et al. Symbiotic human-robot collaborative assembly[J]. CIRP Annals - Manufacturing Technology, 2019, 68(2): 701-726.

[44] European Committee for Standardization. Robots and robotic devices - safety requirements for industrial robots - Part 1: Robots(ISO 10218-1: 2011)[S]. Brussels: IX-CEN, 2011.

[45] Wang L, Liu H, Wang X V. Overview of human-robot collaboration in manufacturing[C]. Proceedings of 5th International Conference on the Industry 4.0 Model for Advanced Manufacturing, Belgrade, 2020.

[46] Helms E, Schraft R D, Hägele M. Rob@ work: robot assistant in industrial environments[C]. IEEE International Workshop on Robot & Human Interactive Communication, Berlin, 2002.

[47] Antonelli D, Bruno G. Dynamic task sharing strategy for adaptive human-robot collaborative workcell[C]. 24th International Conference on Production Research, Poznan, 2017.

[48] Peternel L, Tsagarakis N, Caldwell D, et al. Robot adaptation to human physical fatigue in human-robot co-manipulation[J]. Autonomous Robots, 2017, 42(2): 1-11.

[49] Heydaryan S, Bedolla J S, Belingardi G. Safety design and development of a human-robot collaboration assembly process in the automotive industry[J]. Applied Sciences, 2018, 8(3): 344.

[50] Zanchetti N A M, Casalino A, Piroddi L, et al. Prediction of human activity patterns for human-robot collaborative assembly tasks[J]. IEEE Transactions on Industrial Informatics,

2019, 15(7): 3934-3942.

[51] 朱恩涌,魏传锋,李喆.空间任务人机协同作业内涵及关键技术问题[J].航天器工程, 2015,24(3): 93-99.

[52] 刘维惠,陈殿生,张立志.人机协作下的机械臂轨迹生成与修正方法[J].机器人,2016,38 (4): 504-512.

[53] 李梓响.人机协同双边装配线平衡建模及智能算法研究[D].武汉: 武汉科技大学,2018.

[54] 李志奇,刘伊威,于程隆,等.机器人航天员精细操作方法及在轨验证[J].载人航天, 2019,25(5): 606-612.

[55] Cheng Y, Sun F, Zhang Y P, et al. Task allocation in manufacturing: a review[J]. Journal of Industrial Information Integration, 2019, 15: 207-218.

[56] Tsarouchi P, Makris S, Chryssolouris G. Human-robot interaction review and challenges on task planning and programming [J]. International Journal of Computer Integrated Manufacturing, 2016, 29(8): 916-931.

[57] Takata S, Hirano T. Human and robot allocation method for hybrid assembly systems[J]. CIRP Annals-Manufacturing Technology, 2011, 60(1): 9-12.

[58] Chen F, Sekiyama K, Cannella F, et al. Optimal subtask allocation for human and robot collaboration within hybrid assembly system[J]. IEEE Transactions on Automation Science and Engineering, 2014, 11(4): 1065-1075.

[59] Tsarouchi P, Makris S, Chryssolouris G. On a human and dual-arm robot task planning method[J]. Procedia CIRP, 2016, 57: 551-555.

[60] Müller R, Vette M, Mailahn O. Process-oriented task assignment for assembly processes with human-robot interaction[J]. Procedia CIRP, 2016, 44: 210-215.

[61] Ranz F, Hummel V, Sihn W. Capability-based task allocation in human-robot collaboration [J]. Procedia Manufacturing, 2017, 9: 182-189.

[62] Bänziger T, Kunz A, Wegener K. Optimizing human-robot task allocation using a simulation tool based on standardized work descriptions[J]. Journal of Intelligent Manufacturing, 2018, 31(7): 1635-1648.

[63] Malik A A, Bilberg A. Complexity-based task allocation in human-robot collaborative assembly[J]. Industrial Robot, 2019, 46(4): 571-480.

[64] 王杰,谢勇.人机协作装配系统任务分配方法研究[EB/OL].[2018-04-25].http:// www.paper.edu.cn/releasepaper/content/201804-248.

[65] 高云鹏.基于复杂度的工人与机器人协同作业任务分配问题研究[D].长春: 吉林大学,2018.

[66] 南函池.考虑工作胜任度的人机协同任务分配模型与人机协作策略研究[D].杭州: 杭州电子科技大学,2020.

[67] 高天宇.基于复杂性的人机协作装配任务分配问题研究[D].长春: 吉林大学,2020.

[68] 杨涛.基于Kinect辅助的服务机器人抓取路径规划研究[D].杭州: 浙江大学,2017.

[69] 韩雪.基于三维标识物的医用增强现实跟踪注册方法研究[D].长春: 吉林大学,2017.

[70] Nishida S I, Heihachiro K. Visual measurement for on-orbit assembly of a large space antenna [C]. IEEE Transactions on Mecatronics, Tokyo, 2014: 23-28.

［71］Chen R, Xu J, Chen K, et al. A high-accuracy 3D projection system for fastener assembly ［C］. Proceedings of IEEE International Conference on CYBER Technology in Automation, Control, and Intelligent Systems, Shenyang, 2015: 965 – 971.

［72］Cesare C, Gianluca P, Andrea S, et al. A 6 – DOF ARTag-based tracking system［J］. IEEE Transactions on Consumer Electronics, 2010, 56(1): 203 – 210.

［73］孙涛.服务机器人视觉伺服控制方法研究［D］.武汉: 华中科技大学,2018.

［74］王玉琦.空间双臂机器人捕获自旋目标的协调操作柔顺控制研究［D］.北京: 北京邮电大学,2019.

［75］翁璇.大视场内多靶板位姿单目视觉跟踪测量系统的仿真研究［D］.南京: 南京航空航天大学,2014.

［76］刘念.基于视觉机器人的目标定位技术研究［D］.广州: 华南农业大学,2016.

［77］李振.基于视觉的自主装配系统轴孔位姿测量研究［D］.西安: 西安理工大学,2019.

［78］杨丽萍.融合视觉与力觉的工业机械臂控制技术应用研究［D］.成都: 电子科技大学,2019.

［79］孟少华,胡瑞钦,张立建,等.一种基于机器人的航天器大型部件自主装配方法［J］.机器人,2018,40(1): 81 – 88,101.

［80］陈勋漫.基于手眼视觉的 Baxter 双臂机器人轴孔抓取与装配方法研究［D］.广州: 华南理工大学,2016.

［81］Connolly T H, Pfeiffer F. Neural network hybrid position/force control［C］. Proceedings of 1993 IEEE/RSJ International Conference on Intelligent Robots and Systems, Yokohama, 1993: 240 – 244.

［82］Chan S P, Liaw H C. Generalized impedance control of robot for assembly tasks requiring compliant manipulation［J］. IEEE Transactions on Industrial Electronics, 1996, 43(4): 453 – 461.

［83］Wang H L, Xie Y C. Adaptive Jacobian position/force tracking control of free-flying manipulators［J］. Robotics & Autonomous Systems, 2009, 57(2): 173 – 181.

［84］Jung S, Yim S B, Hsia T C. Experimental studies of neural network impedance force control for robot manipulators［C］. Proceedings of IEEE International Conference on Robotics & Automation, Seoul, 2001: 3453 – 3458.

［85］Robert P, Muhammad E A, Charles W. Multiple-priority impedance control［C］.Proceedings of IEEE International Conference on Robotics and Automation, Shanghai, 2011: 6033 – 6038.

［86］Jokesch M, Suchy J, Winkler A, et al. Generic algorithm for peg-in-hole assembly tasks for pin alignments with impedance controlled robots［J］. Advances in Intelligent Systems and Computing, 2016, 408: 105 – 117.

［87］Kim Y L, Song C H, et al. Hole detection algorithm for chamferless square peg-in-hole based on shape recognition using F/T sensor［J］. International Journal of Precision Engineering & Manufacturing, 2014, 15(3): 425 – 432.

［88］Song H C, Kim Y L, et al. Guidance algorithm for complex-shape peg-in-hole strategy based on geometrical information and force control［J］. Advanced Robotics, 2016: 1 – 12.

［89］Jasim I F, Plapper P W, Voos H. Contact-state modelling in force-controlled robotic peg-in-hole assembly processes of flexible objects using optimised Gaussian mixtures [J]. Proceedings of the Institution of Mechanical Engineers, Part B: Journal of Engineering Manufacture, 2017, 231(8): 1448 - 1463.

[90] 郑养龙.基于力传感器的双臂机器人轴孔柔顺装配策略与方法研究[D].广州: 华南理工大学, 2019.

[91] 邢宏军.基于主被动柔顺的机器人旋拧阀门作业研究[D].哈尔滨: 哈尔滨工业大学, 2017.

[92] 陈钢, 王玉琦, 贾庆轩.机器航天员轴孔装配过程中的力位混合控制方法[J].宇航学报, 2017, 38(4): 410 - 419.

[93] 崔亮.机器人柔顺控制算法研究[D].哈尔滨: 哈尔滨工程大学, 2013.

[94] 董晓星.空间机械臂力柔顺控制方法研究[D].哈尔滨: 哈尔滨工业大学, 2013.

[95] 周亚军.基于多维力传感器的机器人叶片磨抛力控制技术研究[D].武汉: 华中科技大学, 2017.

[96] 贺军.变负载双臂机器人阻抗自适应控制系统研究[D].合肥: 中国科学技术大学, 2016.

[97] NASA. International space station facts and figures [DB/OL]. [2021 - 04 - 28]. https://www.nasa.gov/feature/facts-and-figures.

[98] 中华人民共和国中央人民政府.图表: 中国空间站国际合作正式开启[EB/OL]. [2018 - 05 - 29]. http://www.gov.cn/xinwen/2018-05/29/content_5294638.htm.

[99] 中华人民共和国国务院新闻办公室.《2016 中国的航天》白皮书[J].中国航天, 2017(1): 10 - 17.

[100] 包为民.系统工程与航天技术的发展[R].上海: 上海交通大学第 122 期大师讲坛, 2019.

[101] Rehnmark F, Currie N, Ambrose R O, et al. Human-centric teaming in a multi-agent EVA assembly task[J]. International Conference on Environmental Systems, 2004.

[102] 朱恩涌, 魏传锋, 李喆.空间任务人机协同作业内涵及关键技术[J].航天器工程, 2015, 24(3): 93 - 99.

[103] 王丽. 王春慧, 周诗华, 等.舱外活动作业类型及操作动作对航天员手操作能力的要求分析[C].人机-环境系统工程大会, 2012: 22 - 26.

[104] 陈金盾, 黄伟芬.航天员舱外活动危险分析及对策[J].载人航天, 2006(2): 1 - 5.

[105] 张楠楠, 田寅生, 徐欢, 等.航天员舱外活动中典型动作的分类统计与分析[J].航天医学与医学工程, 2011, 24(5): 366 - 368.

[106] 贾司光, 梁宏.航天员舱外活动的工效学问题[J].中华航空航天医学杂志, 2001, 12(4): 246 - 249.

[107] 周前祥, 程凌.航天员出舱作业人机界面的工效学研究进展[J].中华航空航天医学杂志, 2004, 15(3): 184 - 187.

[108] 佚名.美国航天飞机的 113 次飞行一览[J].中国航天, 2003(3): 43 - 35.

[109] Rehnmarkl F, Bluethmann W, Rochlis J, et al. An effective division of labor between human and robotic agents performing a cooperative assembly task[J]. IEEE International Conference on Humanoid Robots, 2003.

[110] 林益明, 李大明, 王耀兵, 等.空间机器人发展现状与思考[J].航天器工程, 2015, 24

(5)：1-7.

[111] Lake M S. Evaluation of hardware and procedures for astronaut assembly and repair of large precision reflectors[R]. NASA Technical Report：NASA/TP-2000-210317, 2000.

[112] 苏强,林志航.产品装配顺序的层次化推理方法研究[J].中国机械工程,2000,11(12)：1357-1360.

[113] 苏强,林志航.装配顺序规划中的几何约束分析方法[J].机械科学与技术,1998(3)：154-156,159.

[114] Oyekan J, Hutabarat W, Turner C, et al. Using therbligs to embed intelligence in workpieces for digital assistive assembly[J]. Journal of Ambient Intelligence and Humanized Computing, 2019(2)：1-15.

[115] 王学文.工程导论[M].北京：电子工业出版社,2012.

[116] 李冉,付建林,杨龙,等.基于 DELMIA 的转向架数字化装配仿真[J].制造业自动化, 2019,41(12)：82-85,106.

[117] 王有远.基础工业工程[M].北京：清华大学出版社,2014.

[118] Cheng Y, Sun F, Zhang Y P, et al. Task allocation in manufacturing：a review[J]. Journal of Industrial Information Integration, 2019, 15：207-218.

[119] 李娟妮,华庆一,张敏军.人机交互中任务分析及任务建模方法综述[J].计算机应用研究,2014,31(10)：2888-2895.

[120] Annett J, Duncan K D. Task analysis and training design[J]. Occupational Psychology, 1967, 41：211-221.

[121] Johnson P, Johnson H, Waddington R, et al. Task-related knowledge structures：analysis, modelling and application[C].People and Computers IV, Proceedings of Fourth Conference of the British Computer Society Human-Computer Interaction Specialist Group, Manchester, 1988.

[122] Scapin D, Pierret-Golbreich C. Towards a method for task description：MAD [C]. Proceedings of Work with Display Units, Montreal, 1989.

[123] Lecerof A, Paterno F. Automatic support for usability evaluation[J]. IEEE Transactions on Software Engineering, 1998, 24(10)：863-888.

[124] Limbourg Q, Pribeanu C, Vanderdonckt J. Towards uniformed task models in a model-based approach[C]. Interactive Systems：Design, Specification, and Verification, Glgsgow, 2001.

[125] Diaper D, Stanton N A. The handbook of task analysis for human-computer interaction[M]. Mahwah：Lawrence Erlbaum Associates, 2004.

[126] Baber C, Stanton N A. Task analysis for error identification：a methodology for designing 'error tolerant' consumer products[J]. Ergonomics, 1994, 37(11)：1923-1941.

[127] Hodgkinson G P, Crawshaw C. Hierarchical task analysis for ergonomics research：an application of the method to the design and evaluation of sound mixing consoles[J]. Applied Ergonomics, 1985, 16：289-299.

[128] Tan J, Feng D, Ye Z, et al. Assembly information system for operational support in cell production[J]. Manufacturing Systems and Technologies for the New Frontier, 2008：209-212.

[129] Stanton N A. Hierarchical task analysis: developments, applications, and extensions.[J]. Applied Ergonomics, 2006, 37(1): 55-79.

[130] 孔繁森,赵凯丽,陆俊睿,等.结构件装配复杂性分析的框架及其在装配质量缺陷率预测中的应用[J].计算机集成制造系统,2017,23(12):2665-2675.

[131] 余江华.非合作航天器相对位姿测量方法研究[D].哈尔滨:哈尔滨工业大学,2012.

[132] 熊有伦,李文龙,陈文斌,等.机器人学:建模、控制与视觉[M].武汉:华中科技大学出版社,2018.

[133] 孙涛.服务机器人视觉伺服控制方法研究[D].武汉:华中科技大学,2018.

[134] 李振.基于视觉的自主装配系统轴孔位姿测量研究[D].西安:西安理工大学,2019.

[135] Tsai R Y, Lenz R K. A new technique for fully autonomous and efficient 3D robotics hand/eye calibration[J]. IEEE Transactions on Robotics and Automation, 2002, 5(3): 345-358.

[136] Park F C, Martin B J. Robot sensor calibration: solving AX = XB on the euclidean group [J]. IEEE Transactions on Robotics and Automation, 1994, 10(5): 717-721.

[137] Yoon S R, Seo S, Huang M L, et al. Multi-processor based CRC computation scheme for high-speed wireless LAN design[J]. Electronics Letters, 2010, 46(11): 800-802.

[138] 菅奕颖.6-DOF 工业机器人的工作空间与灵巧性分析及其应用[D].武汉:华中科技大学,2015.

[139] Siciliano B.机器人学:建模、规划与控制[M].张国良译.西安:西安交通大学出版社,2013.

[140] Biagiotti L, Melchiorri C. Trajectory planning for automatic machines and robots[M]. Berlin: Springer Science and Business Media, 2008.

[141] Chen K S. Application of the ISO 9283 standard to test repeatability of the Baxter robot[D]. Urbana-Champaign: University of Illinois at Urbana-Champaign, 2015.

[142] 丁希仑.拟人双臂机器人技术[M].北京:科学出版社,2011.

[143] Yan L, Mu Z, Xu W, et al. Coordinated compliance control of dual-arm robot for payload manipulation: master-slave and shared force control[C]. Proceedings of International Conference on Intelligent Robots and Systems, Daejeon, 2016.

[144] 李坤.面向双臂协同的阻抗控制方法研究[D].哈尔滨:哈尔滨工业大学,2017.

[145] 班瑞阳.双机械臂协作作业控制系统路径规划研究[D].哈尔滨:哈尔滨工程大学,2018.

[146] 张立建,胡瑞钦,易旺民.基于六维力传感器的工业机器人末端负载受力感知研究[J].自动化学报,2017,43(3):439-447.

[147] 肖文轩.自主轴孔装配机器人路径规划及力控制研究[D].西安:西安理工大学,2018.